한국의 개

토종개에 대한 불편한 진실

한국의 개: 토종개에 대한 불편한 진실

© 하지홍, 2017

1판 1쇄 인쇄 __ 2017년 08월 01일
1판 1쇄 발행 __ 2017년 08월 10일

지은이 __ 하지홍
펴낸이 __ 홍정표

펴낸곳 __ 글로벌콘텐츠
　　　　등록 __ 제 25100-2008-24호

공급처 __ (주)글로벌콘텐츠출판그룹
　　　　대표 __ 홍정표　이사 __ 양정섭　디자인 __ 김미미　기획·마케팅 __ 노경민 이종훈
　　　　주소 __ 서울특별시 강동구 천중로 196 정일빌딩 401호　전화 __ 02-488-3280　팩스 __ 02-488-3281
　　　　홈페이지 __ www.gcbook.co.kr　메일 __ edit@gcbook.co.kr

값 13,800원
ISBN 979-11-5852-153-0 93490

한국의 개

토종개에 대한 불편한 진실

하지홍 지음

글로벌콘텐츠

부친으로부터 물려받은 삽살개를 증식시킨다고 애쓰던 30대 초반, 내 뇌리에서 쉬 떠나지 않는 의구심이 있었는데, 과연 내가 키우고 있는 이 개들이 우리 토종개가 맞는가 하는 것이었다. 장모종이면 의례히 외국개로 생각하던 그 시절에 혼자서 우리 개라고 주장하는 것은 아닌가 하는 염려가 마음 한켠 있었던 것은 사실이었다.

타임머신이 있으면 좋겠다는 생각을 하면서 대안으로 떠올린 것이 조선시대 그림 중에 그려져 있는 옛 개들을 살펴보는 것이었다. 개가 그려진 오래된 그림들을 찾아 전국을 돌아다니면서 서서히 퍼즐 조각들이 모여 우리 토종개들의 가려졌던 원래 모습들을 보게 된 것이다. 덤으로 민화를 좋아하는 취향까지 얻게 되었으니 옛 그림 공부는 나에게 있어 소출이 괜찮은 투자였던 셈이다.

연구 인생에서 또 다른 행운이 따라줬는데, 지난 30년 동안 새로운 학문인 유전공학과 인간 유전체 사업의 완성이 이루어졌다는 것이다. 개 유전체 사업 또한 뒤를 이어 완성되면서 이전에는 상상도 할 수 없는 정확도로 개들 간의 촌수관계를 밝히는 등 토종 여부를 확인할 수 있게 되었다. 초년 교수 시절에 가졌던 의문을 속 시원하게 풀어준 것은 미국에서 건너온 개 유전체 사업의 부산물인 DNA Chip이었던 것이다.

토종개 윤곽이 잡히는 시점에서 생긴 새로운 고민거리는 과연 이 불편한 진실을 어떻게 알릴 것인가 하는 것이었다. 해방 후 70여 년이 지난 지금까지 모두가 기모노 입고 나와서, 한복이라고 믿고 뽐내는 한복 전시장에서 그 옷은 우리 고유 옷이 아니라는 주장을 나 혼자서 해야 하는 고민스런 상황을 피하고 싶은 것은 인지상정 아니겠는가.

그러나 20여 년 전 동아일보에 컬럼으로 진돗개에 대한 글을 올렸다가 다음날 연구실에 몰려온 8명의 진도군 의원들과 설왕설래 다툰 기억도 있지만, 평생의 화두이기도 한 토종개로 인해 겪은 일들을 되돌아보면서 생각의 괘적을 글로라도 남겨 놓아야겠다는 결심을 하게 되었다.

이 책이 감정적인 논쟁을 촉발하기보다는 우리나라 애견문화 수준을 높이고, 토종개를 사랑하는 애견가들의 전반적 지식의 지평을 넓히는 데 보탬이 되기를 바라는 것이 필자의 본래 의도임을 밝힌다. 부디 많은 애견가들이 열린 마음으로 읽고 공감하여 거지꼴을 한 왕자가 자신의 원래 지위를 회복하는 데 일조하는 책이 되기를 바라면서 기꺼이 예쁜 책이 되도록 애써주신 (주)글로벌콘텐츠출판그룹의 양정섭이사와 직원들에게 고마운 마음을 전한다.

1부

이름 없는
우리의 토종개들

한국의 개

토종개에 대한 불편한 진실

1. 우리에게 토종개란 무엇인가?

    사람들에게 우리나라의 대표적 토종개에 대해 물어보면 10명 중 9명은 진돗개라고 답한다. 어쩌다 한두 명 머리를 갸우뚱거리며 삽살개도 우리나라 개라는 대답을 하기도 한다. 대부분의 사람들에게는 토종개가 있거나 말거나 별 관심도 없고 진지하게 생각해본 적도 없을 것이다. 사람들이 믿고 있는 우리나라의 대표 토종개로서 진돗개가 진짜 우리가 자랑할 만한 개인지, 어쩌다 우리나라의 개 범주에 든 것 같은 삽살개는 어떤 개인지 한 번 생각해보도록 하자.

    우리나라의 토종개들은 일제강점기를 겪으면서 세계사에 유래 없는 멸종의 위기를 겪었다. 인류 역사를 통틀어 인종 청소라는 말은 수없이 등장하며, 타민족을 멸종에 이를 만큼 괴롭힌 일들은 동서고금을 막론하고 많은 기록들이 남아 있지만 남의 나라 개들을 공권력을 동원해 대량 도살한 기록은 조선총독부에서 만든 "조선의 개와 그 모피"라는 문서가 아마도 유일한 것일 것이다.

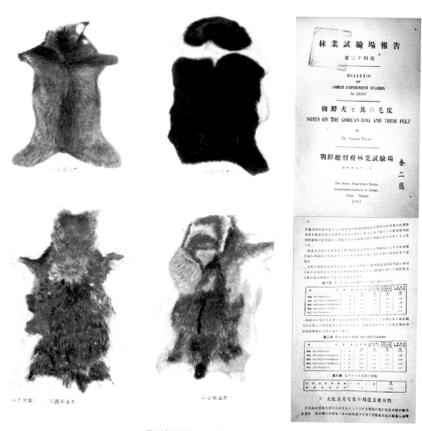

조선의 개와 그 모피: 조선총독부 자료

일제는 1938년부터 시작하여 2차 대전으로 패망한 1945년에 이르기까지 8년에 걸쳐 우리 토종개 껍질 150만 장 이상을 벗겨 군수품으로 이용했다. 주인을 잘못 만난 탓에 크고 잘생긴 우리 개들은 이때 거의 도살당해 껍질이 벗겨지는 어처구니없는 일을 당했는데 우리는 이러한 기막힌 역사에 대해 그동안 무지했었다.

껍질이 벗겨지는 수모만 당한 것이 아니라 정체성마저 정치적 조작에 의해서 유린되었는데 지금까지 어떤 역사가도 이에 대해 언급조차 한 적이 없다. 일본 정부가 총독부 문서에서 언급한 조선의 개는 도대체 어떤 개를 말하는 것이며, 어쩌다가 그 조선의 개들은 사진에서 보듯이 껍질만 남아 있고 진돗개와 풍산개는 살아서 우리의 대표 토종개가 되었는가?

일제는 1931년 아끼다 현에서 토종개보존회를 만들면서 아끼다 견을 자국의 천연기념물로 지정하는 것을 효시로 1937년까지 여섯 종류의 토종개를 일본의 천연기념물로 지정하였다. 갑배견, 시바견, 기주견 등이 포함되어 있는데, 여섯 종류 모두 크기의 차이는 있지만 모양은 거의 흡사하게 생겼다. 1937년 경성제국대학 모리 교수가 식민지의 개도 본토의 개와 혈연적 연관이 깊다는 주장을 하기 위해 진도섬의 개를 조선총독부의 천연기념물로 지정하여 보호하자는 의견을 제출하였고, 총독부는 이를 내선일체의 징표로 받아들여 1938년 조선의 천연기념물 제53호로 지정하였다.

〈일본에서 지정한 자국의 천연기념물 개들과 식민지 개들〉

아끼다견

기주견

갑배견

북해도견

진돗개

풍산개

풍속화와 우연히 찍힌 옛 개 사진

　진돗개 지정과 동시에 진도를 제외한 반도 전역에서 개 껍질 벗기는
작업이 대대적으로 추진되었는데 조선원피주식회사라는 별도의 법인
을 총독부에서 만들어 진행했던 것이다. 토종개들의 유래 없는 수난이
이때부터 전국적인 규모로 진행되면서 해방될 때쯤에는 중대형 개들의
씨가 거의 마를 지경에 이르게 되었다. 일본 순사들에 의해 도살되던 토
종개들의 참혹한 모습이 풍속화의 형태로 전해지고 있다.

　일제에 의한 대규모 도살이 있기 전에 우연히 찍힌 것으로 추정되는
흔치않은 토종개 사진이 있다. 얼굴 털이 비교적 길고 귀는 누웠는데 몸
에는 덕지덕지 털이 뭉쳐 있는 듯한 중형 견으로, 곧 있을 대학살의 불
운도 알지 못한 채 엉거주춤 있는 모습이 안쓰럽기도 하다.

　한반도 전역에서 개들의 울부짖음이 멈춘 후 70년의 세월이 흐르는

동안 아무도 우리 개의 정체성에 대해 언급조차 하지 않았다는 것은 정말 우리가 고유한 문물에 대해 관심이 있는지, 우리 고유문화를 사랑하는 나라에 살고 있는지에 대해 의구심이 들게 한다.

우리에게 있어서 토종개가 의미하는 문화적 함의는 무엇이고 실제 이 땅에 살았던 개들의 모습은 불리던 이름과 어떻게 합치가 가능할 것인가? 우리는 진정으로 우리 정서에 맞으며 민속학적 자료들에 부합하는 우리 토종개들의 모습을 떠올릴 뿐만 아니라 살려낼 수도 있을 것인가?

2. 우리 개들의 옛 이름들

개 이름에 대한 우리 선조들의 생각을 엿볼 수 있는 단서는 조선시대 문헌들로부터 찾을 수 있다. 16세기에 출간된 한자 옥편인 훈몽자회(訓蒙字會)에는 개를 지칭하는 한자어로 구(狗), 견(犬), 오(獒), 방(尨)이란 네 글자가 있다. 구(狗)와 견(犬) 자는 지금까지도 쓰이고 있으나, 큰 개 오(獒) 자와 더플개 방(尨) 자는 거의 사용치 않는 단어가 되어 버렸다. 구는 작은 개, 견(犬) 자는 조금 큰 개를 지칭하며 특히 견(犬) 자는 기능적 이름에 쓰이기도 하는데 엽견(獵犬), 번견(番犬) 등이 그 예가 된다.

이제는 거의 사어가 되어 버린 큰 개를 지칭하는 오(獒) 자에 대해서는 호박개라는 우리말 이름이 있었으며 삽살개 방자에 대해서도 더플개, 사자개 또는 락사구라는 여러 다른 이름들이 있었던 것 같다. 조선시대 당시만 해도 견종표준이나 품종이란 개념이 없었던 시절이라 지역에 따라 또는 시대에 따라 털긴 개를 임의로 지칭했을 것이다.

그림의 『훈몽자회』에서 보듯이 견(犬) 자에 대해서 속칭 삽살개, 일명 락사구(絡絲狗)로 되어 있는데 여기서 특히 우리의 주목을 끄는 것은 사자개, 더플개, 삽살개, 락사구 등 털이 긴 개를 지칭하는 말이 많이 등장한다는 점이다. 이 같은 사실은 『훈몽자회』가 쓰여진 당시에는 여

『훈몽자회』

러 가지 모양의 털긴 개들이 많았거나, 이름 없이 그냥 똥개(품종명이 없는 잡종토종개를 지칭하던 통용어)로 불린 단모 개들에 비해 이름을 붙여줘야겠다는 생각이 들게끔 긴 털이 그 특이한 외형으로 인해 사람들의 관심을 끌었거나 했을 것이다.

19세기에 출간된 『자류주석(字類註釋)』을 보면 한글로 "삽살개가 방자와 같이 다모견(多毛犬)을 지칭한다"는 설명이 있긴 하지만 요즘의 과학도감이나 견종 사전 같은 시각 자료도 없었고, 또 현재 개념의 품종 구분은 생각할 수도 없었던 것이 사실이라, 당시에는 객관적 기준에 따라 통용되는 개 품종 이름과 특정 형태를 지닌 개와의 연관은 지을 수 있는 일이 아니었다.

19세기에 출간되었으며 물건 이름이 정리된 『물명고(物明攷)』에 나타난 개 이름 목록은 좀 더 현대적 감각이 있는 이름들이다. 여러 종류의 개 이름이 기록되어 있는데, 대마 섬유가 길게 늘어진 것 같은 장모의 개를 삽살개, 사자처럼 두상이 크고 털이 많아 얼굴을 덮은 개를 더펄개, 꽃처럼 눈에 띄거나 바둑알처럼 희고 검은 무늬가 있는 얼룩개를 지칭하여 바둑개라 불렀다고 한다. 금사구(金獅狗)는 황금 사자개를 칭하는데 중국의 소형 사자개라 불리는 페키니스 닮은 개, 즉 소형 장모종 개를 지칭했던 것 같다. 우리말로는 발발이로 불렀다고 기록되어 있어 사자개가 꼭 덩치 큰 털이 긴 개가 아니라 발발이의 다른 이름이라는 주장도 가능하다.

이처럼 『물명고』에 기록된 개 이름들 중 세 가지가 털 길이 때문에 지어진 이름이고 다른 한 가지 이름은 색깔의 특이성으로 인해 불리어진 이름이다. 대부분의 개들이 단모였기 때문에 단모는 관심의 대상이 아니라서 이름이 없는 반면, 장모종을 지칭하는 삽살개, 발발이, 더펄개라는 이름들만 기록되어 있었던 것이다. 색깔의 경우에는 누렁이, 검둥이들은 진부하여 특별한 이름이 없었지만 희고 검은 얼룩이만은 바둑개라고 따로 불렀던 것이다.

그러나 분명한 것은 19세기 어간, 즉 『물명고』가 출간된 당시에도 순종이나 품종이란 개념 자체가 없었음으로 개를 겉모습만으로 대충 구분하여 임의로 불렀었다고 보는 것이 옳을 것이다. 당시에는 삽살개와 더펄개가 동어의로 쓰이고 사자개와 발발이가 혼용되어 지역과 시대에 따라 구분 없이 불리었던 것 같다.

한국의 개: 토종개에 대한 불편한 진실

3. 조선시대 우리 개들의 모습

조선시대 한반도에 살던 개들의 모습과 종류에 대한 정보는 옛 그림과 문헌들로부터 유추할 수 있다. 개가 그려진 조선시대 그림들에 의하면 우리나라 중형 토종개들의 유전자 풀에는 온갖 종류의 개들이 속해 있었는데 장모와 단모, 골격의 크기, 색깔의 다양성, 귀와 꼬리 모양의 차이, 성품과 소질 등 다양한 표현 형질들이 모두 포함되어 있었다.

조선시대 그림에 등장하는 개들의 대부분이 단모 개들이고 단모 중에는 바둑개가 비교적 많이 그려져 있다. 옛 개 이름과 이들 그림들로부터 유추할 수 있는 조선시대 토종개 집단의 모습은 온갖 모습의 단모종 개들 가운데 간간히 장모종 개들이 섞여 살았던 것 같다. 단모 유전자가 장모에 비해 열성이나, 출현 빈도는 높았기 때문에 단모가 많았고 삽살개나 사자개는 어쩌다 볼 수 있는 귀한 개였었다.

이들 긴 털이나 짧은 털의 개들 모두 동일한 유전자 풀을 공유하고 있었던 탓에 장모에서 단모가 나올 수 있으며 단모견에서 장모견이 출현하는 것이 유전학적으로 자연스러운 현상이었다.

이 땅에서 개가 길러지던 수천 년 동안 계획적인 교배를 한다는 개념 자체가 없었기 때문에 아래 그림들이 그려졌던 당시에도 다양한 모습의

조선 초기 이암 작

동네 개들이 크기만 비슷하다면 저희들끼리 자유롭게 교미하여 다양한 모습과 색깔의 강아지들을 출산했으며, 그래서 온갖 잡종 개들만 득실거리며 살았었다. 따라서 혈통 고정 같은 현대적 생각 자체가 없었을 뿐만 아니라 개 혈통서를 발행해주는 애견 단체가 없던 시대였음으로 토종개라면 모두가 잡종개라는 것은 논리의 당연한 귀결이었다.

혜원 신윤복 작

비쩍 마른 누렁이와 바둑이 두 마리가 교접하는 것을 얼굴에 홍조를 띄고 보는 두 여인네의 표정을 잘 잡아낸 그림으로 풍속화의 새로운 경지를 개척한 혜원 신윤복의 그림 속의 개들은 당시 흔히 볼 수 있던 우리 토종개의 실제 모습이다.

목에 붉은 비단 천을 댄 금속성 목걸이를 하고 강아지들 젖을 먹이는 단모 중형견의 모습에서 조선 초기 귀족 가문의 애완견을 볼 수 있다. 이암이라는 왕족 출신의 화가는 오백 년 전 평소 애완하던 자기 집 개를 그렸는데 사진으로 보듯이 사실적으로 묘사했던 것이다.

지금의 퇴계로 애견샵에서조차 쉽게 구하기 어려운 고급스런 목걸이를 하고 있으며 젖 먹는 강아지들의 색깔이 모두 다른 것이, 보던 그대로 그려놓았음을 알 수 있다. 흰 강아지 누렁 강아지, 엄마 닮은 검둥 강아지 세 마리의 색깔이 모두 다른 것이 유전학자의 눈에는 흥미롭게 보인다. 개는 잡종 똥개인데 목에는 사치스런 목걸이를 하고 있는 한 장의 개 그림이 그 시대 우리 개들의 모습을 잘 반영해주고 있다.

아래의 그림은 조선 중·후기 한반도 전역에 서식하던 흔했던 토종개들 모습을 잘 보여주고 있다. 세 장 그림 중 두 장은 조선 영·정조 때의 도화서 화원인 김두량에 의해 그려진 대단히 사실적인 그림으로 직접 보지 않고는 그리지 못할 개 그림이다. 꼬리와 몸체 아래의 장식털이 멋

진 중대형 단모견으로 바둑이와 검둥이이다. 하단 왼쪽 그림은 단원 김
홍도에 의해 그려진 비슷한 시기의 그림으로 가장 흔하게 시골 마을에
서 볼 수 있었던 일명 똥개에 해당하는 개이다.

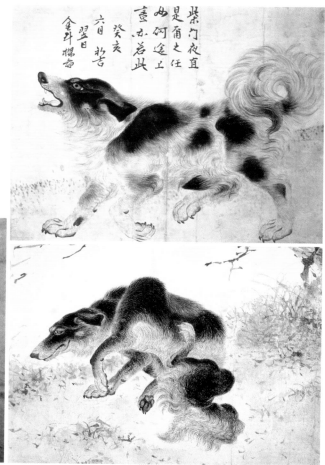

조선시대 서식하던 대표적 단모 중형견: 바둑개와 이름 없는 재래견들

아래 세 장의 그림 중 하단 왼쪽 그림은 달밤에 청삽살개와 황삽살개가 같이 뛰어노는 재미있는 그림이다. 하단 오른쪽 그림은 조선 말엽 심전 안중식 그림의 모사도인데 갈기를 휘날리는 사나운 기운의 삽살개이다. 상단 그림은 국립중앙박물관에 소장되어있는 약 250년 전의 그림으로 삽살개의 사실적 모습을 잘 묘사하고 있는 것으로 평가되고 있다

조선시대 서식하던 장모 중형견: 삽살개

아래 두 장의 그림은 조선 말엽에 활동한 천재 화가 오원 장승업과 김홍도의 그림으로 중국의 페키니스 닮은 털 긴 소형 발발이로 판단된다. 열장의 조선시대 개 그림들로부터 우리는 토종개의 살아생전의 모습들을 당시를 살았던 화가들의 눈을 통해 볼 수 있었다. 색깔과 모습의 다양함에 놀라고 개들의 표정까지 묘사해낸 조선시대 화가들의 필력에 놀라면서 조선시대 우리 개들의 대략적인 모습을 파악해낼 수 있게 된 것이다. 우리 개들은 귀가 누웠고 꼬리는 들려올라갔으며 색깔은 누렁이 검둥이 바둑이가 흔했고 사지는 길쭉한 중형개들이 주종을 이루었던 것 같다.

조선시대 그림으로 보는 소형견 발발이

조선시대 개 그림들을 살펴보면서 우리는 놀라운 사실을 접하게 되는데 진돗개 닮은 개의 모습은 좀처럼 찾아볼 수 없다는 것이다. 귀가 서고 주둥이가 뾰족한 모습의 진돗개 닮은 개는 화가들의 눈에 좀처럼 띄지 않아서 그려진 그림이 없었다고 볼 수밖에 없을 듯하다.

따라서 진돗개가 우리 토종개의 대표적 모습이라는 생각은 일제강점기를 통과하면서 얻어진 급조된 왜색 문화적 관점이라는 생각이 든다. 지금까지 전해지고 있는 조선시대의 대표적 개 그림이 일관되게 말해주고 있는 진실은 우리 개의 모습은 옛 그림 속의 개들로부터 찾아야 한다는 것이다.

4. 옛 개들의 크기

일본 고고학계에는 자연유물 연구자들이 많아서 출토된 고대 동물 뼈에 대한 연구가 체계적으로 되어 있다. 일만 년 전 즐문무늬 토기시대부터 시작하여 현대에 이르기까지 여러 연대에 해당하는 개 뼈들이 고루 출토되어 있으며 시대에 따른 형태 특징에 대한 조사도 되어 있다.

두개골 외형 중에는 액단의 깊이 변화가 시대에 따른 차이를 보이는데, 즐문무늬 토기시대 개들에서는 얕은 액단이 주로 발견되나 한반도에서 대규모 이주민이 일본 본도에 정착한 때인 고분시대 이후에는 개

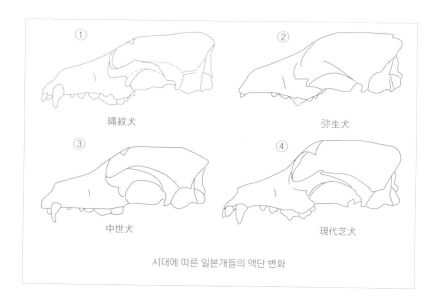

시대에 따른 일본개들의 액단 변화

들의 액단 각도가 깊어진 것으로 알려져 있다. 학자들의 해석에 의하면 북방견인 한국 개들의 대규모 유입으로 고분시대인 약 2000년 전부터 일본 개들의 액단이 깊어졌다고 한다.

그러나 일본의 연구 상황과는 달리 국내에서 출토된 고대 개 유골들은 그림에서 볼 수 있듯이 현재 4곳으로부터 출토된 것 몇 구만이 박물관 수장고에 보관되어 있을 뿐 국내 전문학자가 없어서 거의 연구되지 않은 상태로 있다. 가장 오래된 개 유골은 기원 후 1세기 것으로 추정되는 해남 군곡리 패총에서 출토된 것들인데 멧돼지, 사슴, 어류 등의 다른 동물 유골들과 함께 발굴된 후 개 두개골이라고 확인만 된 상태이다. 현재 목포대학 박물관에 보관되어 있는 이 유골은 사냥되어 식용으로 이용된 다른 동물들처럼 버려진 상태로 발견되었다.

그러나 비슷한 시기로 추정되는 삼천포 늑도의 고분에서 인골과 함께 출토된 여섯 구의 전신 개 유골은 대단히 특이하다. 모두가 수컷들이며, 순장된 것으로 보이는데 당시 개에 대한 의식 체계를 엿볼 수 있는 귀중한 자연 유물들이다. 아마도 무덤 주인이 평소 가까이서 기르던 개였을 가능성이 높으며, 사자를 저승으로 안내해주는 역할을 개들에게 부여했던 것이 아닌가 추측된다. 이승과 저승을 연결해주는 매개자로 개를 택한 사유 형태는 고대 중앙아시아에 널리 퍼져 있었는데 무속신화인 차사본풀이 등의 저승 설화에서 이런 관념들이 빈번히 나타나 있다.

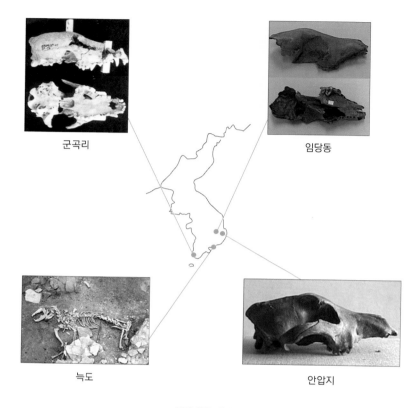

군곡리

임당동

늑도

안압지

국내 출토 개 유골

늑도 고분의 개 뼈는 이러한 고대인의 사후 세계에 대한 믿음들과 연관이 있을 것으로 믿어진다.

진묘수로서 개의 이러한 역할은 백제 무녕왕릉에서 발견된 광배 있는 신령스런 동물상의 존재 이유에 대한 해답이 될 수 있을 것이다. 고분시

한국의 개: 토종개에 대한 불편한 진실

대에는 순장되던 개가 삼국시대에는 광배 있는 개 형상 조각으로 바뀌어 무덤을 지키게 되었다고 생각할 수 있을 것이다.

경북 경산시 임당동과 경주의 안압지에서 출토된 개 뼈는 저습지 환경에서 보존된 것들로 늑도나 군곡리 것에 비해 다소 후대 것들이다. 이 중에서 안압지 유골은 전성기 신라시대 것으로 왕궁이나 귀족의 화려한 정원에서 기르던 다양한 동물상 중 하나를 반영하는 것으로 추정되기도 한다.

경주 박물관에 보관되어 있는 안압지 출토 개 두개골로부터 신라시대 토종개의 몸 크기를 유추해본 연구가 있다. 현존하는 토종개들의 몸 크기를 생전에 측정한 후 두개골을 척출하여 여러 부위에 대한 치수를 재었다. 두개골 특정 부위와 몸 크기와의 상관 관계가 성립하는지 조사하여, 두개골 계측치만 알면 살아 있을 당시의 키와 몸무게를 비교적 정확히 알아낼 수 있는 방정식을 얻게 되었다.

안압지와 늑도, 경산 임당동, 해남 군곡리 패총에서 출토된 개 두개골들의 계측치를 현존 토종개들로 부터 얻어낸 방정식에 대입하여 고대에 살았던 개들의 몸 크기를 알아내었고 모눈종이에 상대적인 크기를 그려서 비교해보았다.

고대 토종개들의 상대적 몸 크기 비교도

| 삽살개(수) | 안압지개 | 진돗개(수) | 늑도 1호개 | 늑도6호개 | 임당동개 |

안압지의 신라개는 삽살개 수컷보다는 조금 작았지만 진돗개 수컷보다는 키가 큰 중형견이었다. 늑도개들은 진돗개보다도 더 작은 중소형 개들이었으며 임당동개는 소형 바둑이 수준의 작은 개였다.

조선시대 그림에서 보던 중 소형 개들의 모습과 출토 유물로부터 유추한 바에 따르면, 고대부터 한반도에 살던 토종개들은 현재의 삽살개 비슷한 중형 개들로부터 다양한 크기와 모양의 작은 개들이 공존했었다고 보면 될 것 같다.

늑대나 맹수들로부터 그들의 재산인 양이나 소들을 지켜야 했던 유목민들은 초원이나 산악지대에서 사나운 대형견들을 키웠으나 논농사 위주의 촌락을 이루며 살았던 우리 선조들에게는 소량 음식으로도 쉽게 기를 수 있는 중소형 개들이 적절했을 것이다.

5. 유전자 분석에 의한 우리 개들의 혈연 관계

인간의 종족 간 혈연 관계를 알아내는 과학적 방법론이 인간 유전체 계획 이후에 엄청난 차원으로 간편해지고 정교해졌다. 과거에는 혈액형이나 혈액단백질의 다형을 비교한다든지 혈청학적인 접근을 통해 애매한 결론을 도출해내던 것이 이제는 디지털 정보인 유전자에 직접적으로 접근할 수 있게 됨으로 확실하게 비교하여 보다 엄밀한 정보를 얻게되었다. 똑같은 방법론이 개에게도 적용되고 있는데 늑대와 개의 혈연관계에서부터 다양한 서양 견종들 간의 혈연적 상관 관계에 대한 많은 연구들이 이루어져 있다.

그동안 애견가들 사이에서 겉모습만 보고 "순혈이다 아니다, 남방계 피가 섞였다." 등 수없는 논쟁을 야기하던 그 모든 다툼에 대해 유전학적인 접근이 신의 한 수로 엄정한 판결을 해주는 시대가 된 것이다. 겉모습으로 판단하는 것은 아나로그 3차 정보를 사용하는 것이라면 유전자 분석은 디지털 1차 정보에 해당하여 비교할 수 없는 정확성을 제공해주는 것이 다르다.

유전자 분석에도 몇 가지 방법적인 차이가 있는데 유전자 전체를 염기서열 분석하여 비교하는 궁극적인 비교법이 있고, DNA Chip을 활용하여 서열 간 차이가 있는 부분들만 비교하는 방법, 그리고 간접적

접근법인 초위성체 분석법 등이 있다. 첫 번째 전체 염기서열 분석비교법은 30억이 넘는 염기서열정보를 서로 간에 비교해야 하는 것이기 때문에 경비나 시간의 제약이 따른다. 두 번째 DNA Chip 분석법은 10여 군데 부위를 비교하는 초위성체 분석과는 달리 전체 유전체 중에서 개체 간에 차이나는 지점 300만 SNP(단일염기변이) 가운데 약 20만 SNP의 염기서열을 서로 간에 비교하는, 현재 주로 활용되고 있는 최신의 방법이다.

국립 축산과학원에서 이러한 DNA Chip을 활용하여 외국 견종들과 우리 토종개들 간의 혈연적 차이를 분석한 자료가 있어서 아래 그림에 나타내었다. 토종개 서로 간에는 혈연적인 연관이 깊지만 유전자 차원에서 서양 여타 견종들과는 상당한 차이가 나는 것을 몇 가지 다른 방법으로 보여주고 있다.

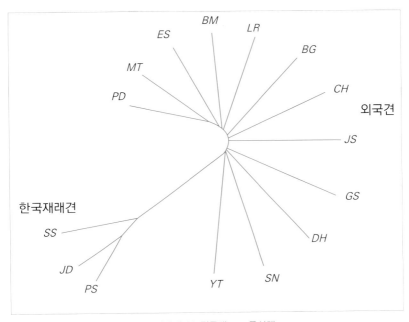

ss: 삽살개, jd: 진돗개, ps: 풍산개
외국개와 토종개들 간의 혈연적 유연 관계를 보여주는 계통도

위의 그림은 혈연적 연관을 계통도 형태로 그렸는데 진돗개 삽살개 풍산개 그룹이 외국 견종들과 확연이 구분되는 위치에 모여 있다. 한반도에서 수천 년간 집단으로 서식하던 토종개들의 유전자 특징을 정량적인 수치로 바꾼 다음, 그림으로 그려 놓은 것인데 진돗개와 풍산개는 섬과 산악 오지에서 격리되어 내려오던 지역 개이지만 전국구 토종개 집단의 표본이라 할 수 있는 삽살개와 깊은 유전적 유사성을 보이는 것은 어쩌면 당연한 결과처럼 보인다.

아래 그림은 같은 분석값을 다른 방법, 즉 주성분 분석으로 해석해 얻은 그림인데 점들 간의 거리가 멀면 혈연적 거리가 멀고, 같은 색 점들이 흩어져 있으면 종내 혈통의 다양성이 그만큼 크다고 보면 된다. 오른쪽 상단에 진돗개(하늘색)와 풍산개(검은 점들)는 거의 중첩되어 있고 그 곁에 삽살개 그룹이 조금 떨어져 하나의 그룹(노란색)으로 나타나 있다. 왼쪽 위에서부터 오른쪽 아래로 은하수처럼 내려오는 점들은 서양개들의 혈통적 위치를 보여주고 있는데 조사된 3종류 한국개들과는 유전자 염기서열 차이가 뚜렷함을 분명히 보여주고 있다.

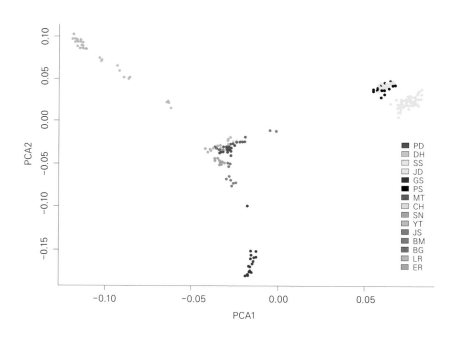

한국의 개: 토종개에 대한 불편한 진실

오랜 세월 한반도에 정착하여 나름의 유전자 풀을 형성하여 우리 기후 풍토에 적응한 지역 개들의 개별성을 나타내주고 있는 과학적 증거들이다. 겉모습만으로는 진돗개는 여러 종류 일본개나 서양개들과 닮았고 삽살개 역시 서양의 장모종 견종들과 닮은 점이 있지만 유전자 차원에서 볼 때 진돗개와 풍산개 삽살개는 거의 흡사한 유전자들로 구성되어 있음을 볼 수 있다.

6. 토종개의 기원

　오랜 기간 우리 조상들 곁에서 같이 살아왔던 한반도의 개들을 통칭해서 토종개라 하는데, 지금까지 이들이 어디로부터 유래되었는지 학술적으로 그 기원을 따져보는 일은 일본 학자들에 의해 간접적으로 다루어졌을 뿐 우리 연구진에 의해서는 시도된 적이 없었다. 다만, 진돗개는 몽고 지배 기간 동안 원나라에서 기원했다는 몽고 기원설과 중국 혹은 남쪽 지방에서 올라왔다는 남방 기원설 등이 혹자들에 의해 근거 없이 주장되기만 했었던 것이다.

　그러나 최근 새롭게 대두한 유전학의 여러 방법론들은 그동안 풀 수 없을 것 같았던 많은 질문들에 대해 온전한 해답을 제시해줄 수 있을 만큼 발달하게 되었다. 현대 생물학적 연구 방법으로 밝힌 한국 토종개의 기원은 어디이며 그 연구 방법과 의미에 대해서 알아보는 것은 뜻 깊은 일이라 생각된다. 왜냐하면 토종개의 기원에 대해 알게 되면 그들을 길러온 우리 민족의 기원에 대한 실마리를 간접적이나마 알게 되기 때문이다. 이는 가축화된 이래로 개는 사람과 같이 생활하면서 이동한 동물이기 때문에 한국 토종개의 반도 유입 경로를 알게 되면 한국인종의 주류가 어디서부터 유래했는지도 알 수 있기 때문이다.

　현존하는 여러 지역의 토착 개들과 혈연적 유사성을 비교하여 가장 인척 관계가 가까운 개가 어떤 개들인지 알아낼 수 있다면 과거 서식지에 대한 정보를 얻을 수 있을 것이다. 중국, 일본, 몽고, 시베리아, 사할린, 에스키모 개들과의 혈연 관계를 따져보았는데, 시대에 따라 혈연 비교의 방법이 발전해 왔는데 크게 3가지 방법이 있다.

첫 번째 방법은, 개의 외적 형태 중에는 혈연적 연관 관계를 유추하는 데 사용할 수 있는 특징적 부위가 있다. 개 두개골 앞이마의 꺾이는 각도, 즉 액단의 깊이와 혓바닥의 검은 반점인 설반의 존재 여부를 들 수 있는데, 개 집단 중 설반 가진 개가 어떤 빈도로 나타나는지, 또는 액단의 깊고, 얕은 개가 어느 정도 빈도로 출현하는지에 따라 남방 유래인지 북방 유래인지 유추할 수 있다.

두 번째 방법은, 혈액 속에는 많은 종류의 단백질이 있는데, 이 중에는 기능은 같으나 구조가 조금 달라서 분자생물학적으로 구분되는 다형 단백질이 있다. 여러 종류의 다형 단백질을 잘 선택하여 각 개들이 어떤 다형 단백질을 가지는지를 조사한 후 통계 처리를 하여 보면 개 품종 간의 혈연 관계를 어느 정도 유추해낼 수 있게 된다.

세 번째 방법은, 신뢰할 만한 정보를 많이 가지고 있는 DNA 차원의 비교로서 초위성체 분석을 들 수 있다. 염색체상에 비교적 고르게 산재되어 있는 초위성체는 분석 방법이 비교적 간단하고 신뢰할 만하므로 유전자 지도 작성 시 표식 마크로 널리 쓰일 뿐만 아니라 친자 감별, 개체 확인 등에도 유전자 지문이란 이름으로 활용되고 있다. 개 품종 간 또는 개체 간에 다형을 보이는 초위성체 부위를 여러 개 선정하여 활용하면 품종 간 혈연 비교에도 유용하게 쓰일 수 있다.

1) 형태 연구

혀에 있는 검푸른 반점을 설반이라 하는데, 한국개 중에서도 2% 내외의 개들에게서 발견되고 있다. 설반은 생존, 적응에 대한 도태압과 무관하며, 개의 계통 탐구에 중요한 단서를 제공하고 있다. 아시아 지역에서는 대만, 인도네시아 등의 남방 계통 개에서 발현 빈도가 높으나 한국, 몽고 등 북방 계통의 개에서는 거의 발견되지 않았다. 일본개 중에서 아끼다견, 기주견 등에서는 발현 빈도가 낮으나, 남방계 혈통을 많이 물려받은 북해도견과 갑배견 등에서는 높은 점으로 미루어보아, 낮은 개들은 한국개의 혈통을 이어받은 것으로 추정하고 있다.

개의 이마로부터 코로 내려오는 두개골의 안면 곡선을 '액단'이라고 하는데, 지역에 따라 개들마다 꺾이는 각도가 서로 다를 수 있다. 각도가 큰 경우 액단이 깊다고 하고, 깊을수록 가축화 진행 정도가 큰 것으로 간주하며, 개의 진화적 유연 관계 추정에 쓰이는 중요한 수단이 된다.

삽살개와 진돗개는 모두 깊은 액단을 지니고 있으며, 대부분의 일본 개들도 한국개처럼 액단이 깊다. 거의 모든 한국 토종개들이 깊은 액단을 가진 반면 일본 남쪽 끝의 유구 지방과 북쪽 끝단의 북해도 에서는 얕은 액단의 개가 많이 발견되는데, 유구견의 경우 50%가 액단이 얕은 개이고, 북해도견의 경우는 18%가 중간 정도의 액단을 지니고 있다. 알려진 바로는 액단이 깊으면 북방견이며, 얕은 개들은 남방견이라고 하는데 실제로 인도개와 동남아개들의 95% 정도가 얕은 액단의 개들이다. 따라서 중부 일본개들은 한국개들을 닮아 액단이 깊은 북방 개들로 구성되어 있지만 일본열도 남북 양단의 개들, 즉 유구견, 북해도견들은 남방개의 혈통을 많이 받은 것으로 추정되고 있다

〈표 1〉 한국 토종개들의 형태 특징

종류	개체수	설반 (%)	랑조 (%)	귀 (%)			꼬리 (%)			액단 (%)		
				선귀	반선귀	누움	쳐짐	들림	말림	얕음	중간	깊음
삽살개	300	2.0	18.3	0.0	1.0	99.0	8.5	41.9	49.6	0.0	0.0	100
진돗개	210	1.9	3.6	94.3	5.7	0.0	0.0	46.4	53.6	0.0	0.0	100
제주개	125	2.4	4.0	87.2	11.2	1.6	3.2	84.8	12.0	0.0	2.4	97.6

2) 혈액 단백질 연구

다나베 교수는 일본 견종의 기원을 밝히기 위해 아시아 토종개 30여

품종을 포함한 50여 품종 4,000여 마리 개의 혈액단백질 다형을 분석하여 개들의 혈통적 연관 관계를 밝힌 바 있다.

실험에 활용된 단백질들은 16가지로서 Pa, Alb, Poa, Ptf, Tf, Es, Lap, Akp, Hb, Es-2, Es-3, Pac, To, Gmoa, GPI 등인데 4,000여 두 모든 개들에 대한 16가지 단백질의 다형을 전기영동법으로 조사하였으며, 이들 자료를 수합하여 16장의 그림으로 나타내었는데, 그 중 헤모글로빈 다형 단백질에 대한 분포 지도를 아래에 나타내었다.

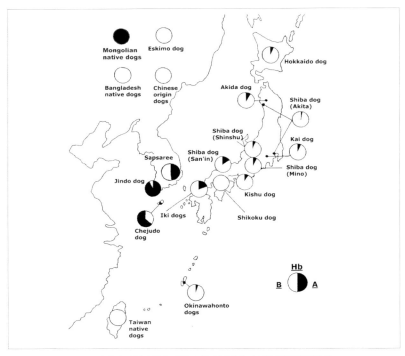

극동아시아 지역개들의 적혈구 헤모글로빈 다형의 지리적 분포도

그림에서 볼 수 있는 것은 혈통의 지리적 구배 현상인데, 한국 개들은 몽고개들과 깊은 연관이 있음을 볼 수 있으며, 일본 남서부 지역 개들이 한국개들과 혈연적으로 비슷한 양상이나 남북 양단으로 갈수록 달라지는 것을 볼 수 있다. 연구된 16가지 단백질들로부터 얻어진 16장의 그

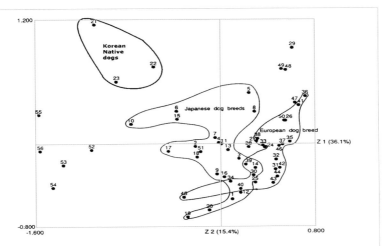

1. Hokkaido dog, 2. Akita dog, 3. Kai dog, 4. Kishu dog, 5. Shikoku dog, 6. Shiba dog(San'in), 7. Shiba dog(Shinshu), 8. Shiba dog(Mino), 9. Shiba dog(Shiba Inu Hozonkai), 10. Mikawa dogs, 11. Tanegasima dogs, 12. Yakushima dogs, 13. Amamioshima dogs, 14. Iriomotejima dogs, 15. Mie hunting dogs(Shima), 16. Mie hunting dogs(Nanto), 17. Tsushima dogs, 18. Iki dogs, 19. Ryukyu dog(Yanbaru), 20. Ryuku dog(Ishigaki), 21. Jindo dog, 22. Sapsaree, 23. Chejudo dog, 24. Taiwan native dogs, 25. Bangladesh native dogs, 26. Chin, 27. Pug, 28. Chow Chow, 29. Pekingnese, 30. Pointer, 31. Maltese, 32. Boxer, 33. German Shepard, 34. Scotland Sheepdog, 35. Beagle, 36. Pomeranian, 37. Poodle, 38. Doberman Pinsher, 39. Poodle, 40. Dachshund, 41. Yorkshire Terrier, 42. Dalmatian, 43. Cocker Spaniel, 44. English Setter, 45. Nihon Spitz, 46. Middle-Asian Sheepdog, 47. Caucasian Sheepdog, 48. Laika, 49. Eskimo dog, 50. Siberian Husky(American), 51. North Sakhalin native dogs.

개 종류별 혈연적 연관성을 보여주는 주성분 분석도

림들을 수합하여 대립 형질의 출연빈도에 대한 주성분 분석을 하여 얻어진 최종적인 결과가 다음에 있다.

진돗개, 삽살개, 제주개, 400여 두의 연구 결과가 포함된 그림은 우리 토종개들 간의 혈연적 연관에 대해 대단히 흥미 있는 사실들을 밝히고 있으며 한국개, 일본개, 서양개들의 상대적인 혈연적 연관성도 명확히 보여주었다. 한국개들 간의 유전적 거리 분석을 한 결과, 세 집단 간의 혈연 관계가 다른 나라 어떠한 품종들보다도 서로 간에 더 가까운 것으로 나타났다.

또한 한국개들처럼 다른 견종들로부터 멀리 떨어져 있는 북사할린개는 몽고개인 몽골, 타이가와 유연 관계가 있는 것으로 드러났다. 그러나 무엇보다도 주위 대부분 개 품종들과 혈연적으로 구분되는 한국개 집단의 특수한 혈연적 원거리성을 보여주는 이 같은 연구 결과는 배달민족인 한국인종의 단일성을 간접적으로 증거하는 흥미로운 자료로 사료된다.

3) DNA 연구

염색체상에서 초위성체란 2~6개 염기 서열이 반복해서 나타나는 부위를 말하는데 전체 게놈에 약 5~10만 곳에 존재한다. 같은 장소의 초위성체라도 개체들 간에 반복염기서열의 크기가 다르게 나타나는데 초위성체 바깥의 동일한 염기서열을 활용한 PCR(중합효소 연쇄반응)법으로 반복 회수의 차이를 구별해낼 수 있다. 혈연이 가까울수록 동일한 반복염기서열을 가질 확률이 크므로 염기서열의 동질성을 비교해보면 역으로 혈연의 친소 관계를 알아낼 수 있다.

저자는 9종의 초위성체를 이용하여 아시아 지역 토착개 11품종 211두를 대상으로 연구를 행했는데 이들 간의 유연 관계 분석을 위해 두 가지 접근 방법을 시도했다. 첫째는, 유전자 빈도에 의한 유전적 거리를 계통수로 나타낸 것이고, 둘째는, 2차 분산 분포도로 개집단 상호간의 유연 관계를 알아본 것이다. 이들 두 가지 방법을 이용하여 아시아 견종 집단 상호간에 지리적 관계나, 집단 간 교잡이 있은 후에 어떠한 그룹으로 나누어질 수 있는지를 조사했으나 연구 내용과 해석 방법이 너무 전문적인 관계로 결과만 정리하면 다음과 같다.

아래에서 나타낸 것처럼 몇 경우를 제외하고 대체로 각 견종들이 서식하고 있는 지역을 기초로 한 근연 관계를 보여주고 있다. 즉, 한국개인 진돗개와 삽살개가 한 그룹, 일본개인 기주, 아끼다와 북해도견이 각각 같은 그룹을 형성하는 등 한국, 일본, 중국개들은 서로 혈통적으로 분리되었다.

여기에서 한국 견종들은 비교적 비슷한 방향성과 수치를 가지는 등 유사한 근연 관계가 있음을 알 수 있는데, 특기할 내용은 우리 토종개들이 북방견인 사할린개와 에스키모개들과 동일 그룹으로 묶인다는 것이다.

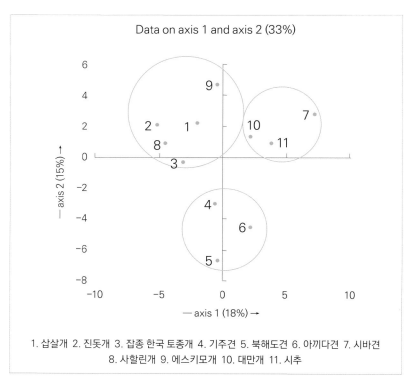

초위성체 좌위 분석에 의한 11종류 극동아시아 개들의 근연 관계도

이와는 대조적으로 일본 견종의 경우는 다양한 분포로 흩어져 있음을 추정할 수 있는데, 이로부터 유추할 수 있는바, 일본개의 기원은 남방계와 북방계가 섞인 유전자 구성을 하고 있다는 것이다. 정리하면, 세 종류 한국개들은 북방견인 에스키모, 사할린 개와 한 그룹을 형성하고 있고, 대만 견종은 중국종인 시추와 매우 가까운 거리를 유지하고 있었을 뿐만 아니라 시바견과도 근접하고 있음을 알 수 있었다. 일본개 중에서 시바견만이 여타 일본개들과 혈통적으로 다르며 중국개와 가까운 것으로 드러났다.

결론적으로 개의 진화적 연관 관계를 잘 보여주는 형태 특징인 액단과 설반의 출현 빈도들을 볼 때 한국개들은 북방 유래견임을 알 수 있었다. 이는 남방견의 영향을 많이 받은 일본개들과는 달리 삽살개, 진돗개, 잡종토종개 공통의 특징으로 드러났다. 혈액단백질과 초위성체 분석 결과 역시 북방견인 몽고개 및 에스키모개와 우리 토종개들이 근연관계임을 확인시켜 주었다.

최근에 행해진 이와 같은 일련의 연구들로부터 얻을 수 있는 결론은 겉모습의 차이에도 불구하고 삽살개와 진돗개는 유전적 배경이 대단히 흡사한 토착개 집단이며 이들의 조상견들은 아마도 북쪽에서 남하한 유목민족의 반도 유입과 연관이 있다는 것이다.

한반도에 우리 선조들이 처음 출현한 시기는 정확히 알 수 없지만 가축화된 개가 유입된 시기는 북방인들이 남하하기 시작한 일만 년 전쯤일 것으로 추정된다. 그 후 이주민들의 유입 때마다 외래 개들이 주민들과 함께 들어왔을 터이며 먼저 유입된 개들과는 혈통의 섞임이 이루어졌을 것이다. 그러나 끊임없는 교역과 이주를 통해 이방인들이 이 땅에 정착하게 되었음에도 불구하고 토착민인 한민족이 배달민족으로 그 특성을 유지할 수 있었던 것처럼 이 땅의 기후풍토에 잘 적응하게 된 북방 유래의 우리 토종개 집단도 역시 형성된 것이다.

한국 토종개들의 이동 경로

7. 그러면 어떤 개들이 우리 토종개인가?

한반도에서 고루 퍼져 오랫동안 살아오던 여러 가지 모양과 색깔의 중형 개들은 색깔로는 누렁이 검둥이 바둑이 흰둥이가 다 있었다. 털이 짧은 개들은 이름 없이 그냥 똥개라고 불려 졌으며, 털 긴 개들 중 어떤 개는 삽살개, 또 어떤 개는 더펄개나 사자개로 불리었던, 우리 기후 풍토에 적응되어 잘 살았던 모든 개가 우리의 전국구 토종개이다. 모양은 서로 간에 많이 달랐지만 전체로 볼 때 서양개들과는 다른 유전자의 독특성이 인정되는 그러한 개 집단을 이루었던 것이다.

소형 개들도 있었는데 조선 후기 오원 장승업의 그림에 자주 등장하던 털 길고 주둥이 뭉툭한 작은 개들은 근·현대의 격변기를 거치면서 멸종되어 버렸다. 중국의 페키니스나 일본의 찡과 혈연적 연관이 깊었을 토착화된 소형 애완견인데 그들의 유전자 분석은 살아남은 개가 없기에 조사할 수조차 없게 되어, 다만 추측만 할 뿐인데, 물명고의 발발이가 이들의 이름이었던 것 같다.

한반도 전체에 고루 분포되어 살았던 다양한 형태의 전국구 토종개 집단과 다르게 문물 교류가 원활하지 않은 산간벽지나 섬 환경에 오래 격리된 채 전체 집단과는 다소 모양이나 색깔이 다른 지역 특산의 개들 또한 있었다. 한때 일부 사람들에게 명견으로 알려졌던 해남개, 거제개의 경우나, 진돗개나 풍산개처럼 현재 유명한 개들이 모두 섬이나 산간 오지의 지명과 연관된 개들이다.

그러나 해남개, 거제개라는 이름 자체도 그 지역의 독특한 개 집단을 특정하는 것이 아니라 풍문에 의하면 해남에 명견이 있었다더라 하는 구전 수준의 이름이었을 뿐 현재 우리가 생각하는 품종명과는 거리가 먼 것이었다.

문제는 서양의 애견사에서 흔히 보듯이 특정한 견종명과 연관된 토종 개 집단을 인위적인 과정을 통해 자체적으로 혈통 고정한 사례가 우리 에게는 없었다는 것이다.

혈통고정이 안된 상태의 조선시대 우리 개들의 모습과 이름을 옛 그 림과 문헌들로부터 유추해 보면 아래 그림으로 나타낼 수 있다. 유전자 풀을 공유하는 중형개 집단에 삽살개, 더펄개, 사자개, 바둑이, 검둥이, 누렁이 등이 포함되는데 여기에서 삽살개, 사자개, 더펄개는 장모이고

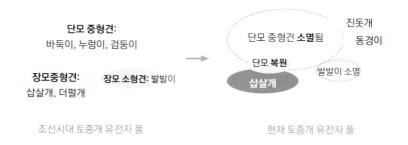

누렁이, 검둥이는 이름 없는 단모견인 똥개이다. 바둑이만이 단모이나 색깔의 독특성으로 인해 옛 화가들이 즐겨 그렸던 우리 개이고 이름까지 얻었던 것이다.

조선 중·후기 민화나 영모화 중에 장모와 단모견이 나란히 같이 있는 그림들이 많이 있다. 아래 그림은 가회민화 박물관에 소장되어 있는 민화로서 황색 장모 삽살개와 검은색 단모 똥개가 나란히 앉아 있는데 모색 분포나 크기를 볼 때 형제처럼 보인다. 삽살개 집단에서 가장 흔한 청·황색이고 장·단모의 뚜렷한 구분을 볼 수 있다. 삽살개 집단 중에서

가회 민화 박물관의 민화(장모와 단모 삽살개가 같이 있는 모습)　　실제 장모와 단모 삽살개의 모습

단모가 종종 출현하는데 유전자 한 개 차이로 그림에서처럼 완전히 다른 종류의 개처럼 보이는데 실에 있어서는 털 길이와 색깔의 차이만 제외하면 같은 유전자 풀에 속한 동일한 개들이다.

같은 형제 집단 속에 혼재되어 있던 장모와 단모 개들 중에서 우리 선조들은 털 짧은 개들은 이름 없는 똥개, 긴 털의 개들은 삽살개 또는 더펄개라는 이름을 붙여 구분했던 것이다.

그림에서 알 수 있듯이 한반도 전역에 퍼져 살던 대부분의 개들은 단모 중형 개들이었다. 이 중에서 소수의 장모들이 같이 어울려 살았는데 일제강점기와 해방을 맞으면서 우리 개들이 대대적인 수난을 겪게 되면서 중형견 전체가 멸종의 지경에까지 가게 되었던 것이다.

그러나 다행스럽게도 1960년대 말 경북대 교수들에 의해 극소수의 장모 삽살개가 구조되어 삽살개의 명맥이 유지되어 오늘에 이르게 되었고, 삽살개 숫자가 늘어나서 500여 두가 되면서 집단 중에 숨어 있던 열성 단모 유전자가 우연히 동형접합자로 만나 단모 똥개(견종명이 지어지고 혈통고정이 되면 족보 있는 품종견으로 바뀔 수 있음)가 출현하게 되었다. 이들 소수의 단모 개들로부터 완전히 사라진 줄 알았던 토종 똥개들 복원이 가능할 수도 있게 된 것이다.

8. 토종견과 품종견의 차이

호랑이 종류를 이야기할 때 시베리아 호랑이와 뱅갈 호랑이는 엄연히 구별된다. 인도의 코끼리와 아프리카의 코끼리가 구별되듯이 이들도 아종으로 구분되는데 이들을 다르게 만든 것은 자연환경이다. 서식 지역이 사막이나 산맥으로 가로막혀 오랜 세월 떨어져 살다보니 크기나 성품, 살아가는 방식 등 여러 면에서 달라지게 된 것이다.

그러나 야생동물과는 달리 개의 경우는 아종이란 말 대신 품종이라는 용어를 사용하는데, 자연이 개입하여 다양한 품종을 만들었다기보다는 인간의 노력에 의해 육종이란 과정을 통해 독특한 모양과 성품을 갖춘, 즉 혈통이 고정된 순수혈통의 개가 만들어졌다고 보아야 한다.

서양 애견문화의 중심에는 애견 전람회와 다양한 품종의 개들, 순종을 보증하는 혈통서와 이를 발행하는 여러 애견 단체들이 있다. 개를 품종에 따라 구분하고 "이 개는 순혈견이다", "우수한 혈통의 개다"라고 하는 생각 자체는 근대 영국에서부터 시작된 도그 쇼를 통해 만들어진 서양 애견문화의 산물이다.

150여 년 전 독일 시골(칼스 루에 지방)의 이름 없는 몇 마리 양치기 토종개가 독일 쉐파드가 되는 데는 기병장교였던 스테파니쯔라는 한 사람 애견가의 남다른 노력이 있었기에 가능하였다. 스테파니쯔는 당시 군마를 평가하고 육종하는 지식에 정통한 사람이었는데 말에서 얻은 경험을 그대로 개에 적용하여 성공적으로 쉐파드를 만들어내었다고 보면 크게 틀림이 없다.

개가 달릴 때, 네 발 중 오직 한 발만 땅과 접하고 있는 상태에서 좌골과 견갑골의 각도가 어떠한 개가 가장 효율적으로 달리며 쉬 피로하지 않는 골격 조건이 무엇인지 설명하는 스테파니쯔 이론의 핵심들은 거의 다 말 심사론에서 차용한 것들이다. 어찌되었건 스테파니츠의 노력으로 이름 없는 독일 시골의 잡종개가 독일 쉐파드라는 하나의 세계적 명품종 개로 거듭나게 된 것이다.

이처럼 지역의 잡종 토종개 자체를 두고 품종으로 인정하는 경우는 거의 없다. 원광석이 강철이든 연철이든 쇠의 모습을 갖추기 위해서는 제련소의 용광로 과정을 거쳐야 하듯이, 거의 모든 토종 잡견들이 혈통 고정된 하나의 품종이 되기 위해서는 반드시 견종 표준을 정하고 유전자 세탁 과정을 거쳐 원종 집단 속에 섞여 있는 불순물들을 제거해야 된다. 그래야 후대 자손들의 모습과 색깔이 견종 표준에서 크게 벗어나지 않는 순종이 되는 것이다.

지역 토종개에서 품종 이름을 갖춘 순혈 품종견이 되기 위해서는, 즉 혈통 고정을 위해서는 반드시 필요한 요소와 과정들이 있다. 첫째, 우수한 토종개 원종 집단이 있어야 하고, 둘째, 정부든 단체든 개인이든 육종 주체가 있어서 견종명과 견종 표준을 만들어야 하고, 셋째, 혈통고정을 추진할 시스템이 필요하다.

독일 쉐파드 경우 첫째 조건은 스테파니쯔가 칼스 루에 지방에서 찾아낸 이름 없는 양치기 개들 몇 마리인데 명견의 자질을 발견하고 스테파니츠가 구입하여 번식의 기초 견으로 삼았다. 이 개들의 특징을 관찰하고 평소 스테파니쯔가 생각한 이상적인 개의 모습을 조합해 쉐파드 견종의 표준이 만들어졌다. 마지막으로 혈통 고정을 위한 시스템으로 만든 것이 이사회에 의해 움직이는 쉐파드 견종협회인데, 협회에서는 매년 단일 견종 도그쇼를 통해 가장 이상적인 모양과 성품을 지닌 개를 뽑아 제시함으로 육종의 방향을 이끌어가는 것이다. 독일 쉐파드의 도그 쇼는 번식 전람회이다. 우수한 견종들의 번식 빈도가 높아지고 자연히 자손들의 숫자가 점점 많아져서 독일 쉐파드협회에서 원하는 방향으로 견종이 만들어졌다고 보면 틀림이 없다.

진돗개의 경우는 조선총독부가 개입하기 전에는 이름도 없던 진도섬의 일반 토종개들이었다. 총독부에서 먼저 진돗개라는 이름을 정하고 견종 표준을 일본 기주견의 것을 가져와 진돗개 표준으로 삼았다. 원종 집단은 진도섬에 격리된 채 살아온 전체 개들이 그 대상이 되었으며 혈통 고정을 위한 시스템은 총독부의 행정력과 이후에 우리 정부에 의해 만들어진 진돗개 보호육성법이다. 진돗개 시험사업소와 매년 개최되는 진돗개 품평회 역시 시스템의 일부가 되었다.

견종들이 만들어진 과정들을 살펴보면 상황과 여건에 따라 차이는 있지만 위에 제시한 세 가지 조건을 대부분 갖추어야 하나의 인정받는 품종견이 된다. 영국의 애견협회(The Kennel club)나 미국 애견협회(AKC)에서 인정하는 거의 모든 견종들의 성립 과정을 보면 예외 없이 인위적 노력에 의해 다듬어진 것들이다.

일제강점기 이전에 우리에게는 토종개는 있었지만 품종 이름을 거론할 수 있는 품종견은 없었던 것이다. 삽살개든 동경이든 바둑이든 발발이든 그 어떤 것도 품종을 지칭하는 단어가 아니라 그 당시 조금 특이한 개에게 붙여졌던 불명확한 통용 명칭이었던 것이다.

2부

이름을 얻은
우리 토종개들

한국의 개

토종개에 대한 불편한 진실

이름을 얻거나 얻지 못한 토종개에는 여러 종류가 있는데 우선 이름을 얻은 토종개 중에서 지역 토종개부터 이야기해보기로 하자. 진돗개와 풍산개가 제일 먼저 이름을 얻었으며, 최근에는 경주 동경이가 천연기념물로 지정되어 지역 특산종으로 이름을 올렸다. 제주 축산진흥원에서 30여 년 전부터 보존해 오던 제주개를 천연기념물 지정 신청을 하여 지역 특산 토종개로 이름을 올리기 위해 노력하고 있다.

전국구 토종개로는 경산의 삽살개가 이름을 얻은 유일한 토종개이나, 최근 삽살개 집단으로부터 유래한 단모 중형견을 활용하여 가장 흔했지만, 일제강점기 완전히 멸종되었던 것으로 알려진 일명 고려개와 바둑이의 원형을 복원하는 작업을 추진하고 있다. 옛 그림에 그려진 개들과 흡사하면서 한국적 정서가 물씬 풍기는 고려개의 출현 배경과 문헌적 근거에 대한 이야기를 풀어나갈 것이다.

이름을 올리기 위해 노력은 했으나 뜻을 이루지 못한 개들로는 거제개와 영주의 불개가 있고, 아직 완전히 실패를 인정하지 않고 있지만 첫 단추를 잘못 끼움으로 어찌 할 수 없는 상황에 빠진 오수개도 있다. 토종개 복원과 보존 전망에 대한 전반적인 이야기들을 하기에 앞서 토종개라 불리기 위해 필요한 몇 가지 필수적인 조건에 대해 언급해보겠다.

1. 토종개의 조건

애견문화라는 말에서 알 수 있듯이 개는 문화동물이다. 오랜 세월 그 나라 국민들과 삶을 같이 해 왔기 때문에 다양한 측면에서 민속적 문화적 인문학적 함의를 지니고 있으며 정서적 공감대가 널리 형성되어 있을 수밖에 없을 것이다. 이러한 정서적 공감대 외에도 토종개라 불리기 위해서는 충족되어야 하는 조건들이 있는데 정리하면 다음과 같다.

첫째 조건으로 역사기간을 통해 인간과의 인터페이스가 어떻게 형성되어 왔는지를 살펴봐야 될 것이다. 두 번째 조건은 오랜 세월 특정 지역 기후 풍토에서 살아온 이력이 개들의 유전자에 나타나 있다는 것이다. 다른 말로 표현하면 체질적·집단유전학적 토종개가 맞는가 하는 것이다. 세 번째 조건은 품종 형성 과정에서 자국의 문화와 가치 판단에 따라 그 나라 사람에 의해 만들어졌느냐 하는 것이다. 견종 표준이 누구에 의해 만들어졌으며 품종명은 어떤 과정을 거쳐 확정되었는가 하는 것이 더 없이 중요하기 때문이다.

첫째 조건에 대한 지표는 민속학적이거나 인문학적 차원에서 문헌적 근거가 있는가 하는 것이다. 앞에서 봤듯이 토종개들에 대한 많은 이야기들이 소설이나 시조, 또는 민담이나 노래의 형태로 남아 있다. 토종개들에 대한 다양한 정서적 표현들이 개 이름에 반영되어 있거나 여러 유형의 그림으로 표현되어 있기도 하다. 이러한 자료들을 통해 예전에 그러한 개가 존재했었고 우리 선조들의 민중 정서에도 부합하는 개였다는 증거가 되기 때문이다.

둘째 조건에 대한 지표는 생물학적인 것으로 실제로 이 땅에서 오랫동안 살아 왔었는가 하는 것을 살펴보는 것이다. 우리 기후 풍토에서 특별한 병 없이 잘 산다면 체질적 토종개라고 볼 수 있을 것이며, 여기에 더 보태어 여러 가지 생물학적 검증 방법들로 분석했을 때 집단 유전학적 결과들이 지리적 연관성이 있는 주변 지역의 토종개들과 연관이 있다면 확실한 증거가 될 것이다.

세 번째 조건에 대한 지표는 품종의 형성 과정에 있어서 자국민에 의해 견종 표준이 만들어져야 하며, 어떤 과정을 통해 육종되었는지를 살펴보는 것이 될 것이다. 일례로 안동의 유서 깊은 하회마을 곁에 우리 재료를 사용하고 우리나라 일꾼들이 동원되어 집을 지었다고 하더라도 그 집의 설계도가 일본의 전통가옥이며 일본 자본이 투입되어 지어졌다면, 아무리 보기 좋은 건물일지라도 일본 건물이지 우리가 자랑할 만한 우리의 문화유산은 아닐 것이다.

  견종 표준은 설계도에 해당하는 것으로 품종 형성의 목표이자 정신이기 때문에 견종 표준을 누가 무슨 기준으로 만들었는가 하는 것이 그 견종의 정체성이 된다. 이와 함께 개의 품종 명을 누가 처음으로 부르기 시작했는가, 누가 지은 이름인지가 중요한데, 이는 이름을 짓고 부르기 시작한 주체가 바로 주인이기 때문이다.

2. 진돗개

1) 진돗개의 기원

진돗개란 말이 최초로 등장하는 문헌은 1937년 모리 교수가 작성한 시학보고서이다. 일본어로 된 이 보고서 이전에 "진도에 좋은 사냥개가 많이 있다더라" 하던 이야기들이 구전되었는지는 몰라도 현재 우리의 관심 사항인 진돗개의 기원이나 옛 모습, 그리고 성품의 특징을 규명하는 데 참고가 될 만한 실증 자료는 찾기가 거의 불가능하다고 보는 것이 타당할 것이다. 따라서 송나라 유래설이나 몽고 유래설 등 여러 가지 기원에 관한 설들은 많으나 문헌적·실증적 뒷받침이 없는 것이 현실이다.

다만 분명한 것은 진도라는 고립된 섬 환경 때문에 모양의 단일성이 어느 정도 유지되었으며 자연에 의해 진돗개의 혈통 보존이 이루어져 왔다는 점이다. 진돗개는 우리 고유개이며 나름대로 우수한 성품을 지니고 있는 좋은 개임에는 틀림이 없지만 우리 선조들의 의식세계와 정감에 연루되어 있지는 않았던 것 같다.

진돗개와 형태적 유사성을 보이는 외국 품종들이 많이 있다. 일본의 기주견, 아끼다견, 갑배견을 위시하여 거의 대부분 일본의 천연기념물 지정견들이 그러하며 서양 견종 중에서는 핀란드 스피츠, 가나안 도그,

노르웨이 부훈트 등 스피츠 계통의 개들이 비슷하게 생겼다. 진돗개 모습이 개의 대표적 기본형 중 하나임을 알 수 있는데, 오랜 옛날부터 한반도 남쪽 끝자락 진도섬에 대표적 기본형을 닮은 진돗개의 조상개들이 정착하여 그 생명력을 끈질기게 이어왔음을 알 수 있다.

핀란드 스피츠   31-2 가나안 도그   31-3 노르웨이 부훈트

비슷한 모양의 개들이 삼국시대 당시에도 동북아 벌판에 서식했었음은 고구려 고분벽화인 장천 1호분을 통해 알 수 있다. 고구려 옛 영토로부터 한반도 남쪽, 그리고 일본에 이르기까지 비슷한 모양의 개들이 서식했었다는 사실은 아마도 역사시대 이전부터 진돗개와 흡사한 개들이 한반도에서도 길러졌었음을 시사해주고 있다. 나라 간에 국경이라는 개념이 별로 없었을 신석기시대로 거슬러 올라가면 아마도 지금 우리가 추측하는 것보다 더 자유로운 문물 교류, 인구 교류 그리고 개들의 혈통 교류가 있었던 것 같다.

북방 유목민의 광범위한 민족 이동과 연관하여 오랜 옛적에 한반도

장천 1호분의 벽화

에 정착한 사람들과 함께 반도에 들어온 일단의 개들이 우리 토종개가 되었고, 그 중 우연히 진도섬에 정착한 양질의 개들이 살아남아 오늘날 진돗개 혈통의 뿌리를 만들었다고 보는 것이 진돗개 기원에 대한 타당한 설명이 될 것이다.

2) 품종으로서 진돗개 성립 과정

진돗개는 우리 토종개들 중에서 가장 먼저 천연기념물로 지정되어 그동안 많은 사람들에 의해 자랑스런 우리 개의 대명사처럼 여겨져 왔다. 반세기 이상 국보적 토종개로서 그 위상이나 순수성에 있어서 어떠한 비판적 시각도 용납하지 않을 만큼 독보적 존재였었다.

그동안 반대 의견을 용납해 오지 않던 우리 애견계 풍토에서 진돗개에 대한 부정적인 사실을 거론하는 것은 신성모독에 해당하는 지탄을 받아온 것 또한 사실이다. 그러나 초등학생들의 교과서에서조차 자랑스런 우리 개의 상징으로 가르치는 진돗개의 품종 형성 과정과 역사성에 대해서 공정하고 객관적인 검토가 필요한 것도 사실이다.

진돗개에 대한 민속학적이거나 인문학적인 옛 자료는 사실상 전무하다. 많은 향토 화가들을 배출했으며 예술혼이 살아 숨 쉬는 예향 진도에 진돗개 형상을 그린 그림 한 장 없는 것은 그만큼 지역에서조차 정서적 공감대가 없었던 것과 무관치 않다. 일부 자료에 의하면 해방 직후에는 한때 식민지 행정의 유물이라는 지역 정서로 인해 혐오의 대상이었다는 이야기까지 전해지고 있으니 자료 부재의 상황이 전혀 낯설지 않은 것도 어쩌면 당연하다 하겠다.

토종개이기 위한 두 번째 필요 조건인 혈통적 토종개에 관하여서는 진돗개의 시작이 진도에 서식하던 개들로부터 시작되었음으로 만족한다고 보아야 될 것이다. 비록 모리 교수가 1937년 조선총독부에 제시한 시학보고서에 진도섬의 개가 일본개들을 닮았음으로 내선일체의 징표로 가치가 있다고 주장했을지라도 분명한 것은 우리 땅의 우리 개이며 전체 토종개의 유전자 풀과 하나의 묶음으로 접해 있다고 할 수 있다.

그러나 진돗개가 품종으로 정립되는 과정을 볼 때 견종 표준의 시작이 일본 기주견에서 시작되었고 과정에 있어서도 총독부의 행정력이 없었다면 지금의 진돗개가 존재했겠는가 하는 점을 생각한다면 긍정적 시각만을 가지기도 어렵다는 생각이 든다. 우리 개이기 위한 세 가지 지표 중 오직 한 가지 조건, 즉 체질적 토종개에 대한 부분만 만족하는 진돗개가 그동안 정체성에 대한 검토 없이 마치 대표 토종개처럼 인식되고, 한걸음 더 나아가 자랑스런 문화유산으로까지 인정받아 왔던 것은 애견문화와 연관된 우리의 역사의식에 심각한 문제가 있었음을 보여주는 것이라 생각된다.

진돗개에 관한 책을 펼치면 언제나 일본인 모리 교수와 총독부 이야기가 먼저 나오는 것을 볼 때 우리는 아직도 애견문화적으로 식민지시대를 극복하지 못한 상태로 지금까지 살아오고 있는 것은 아닌지 한 번 돌아볼 필요가 있을 것 같다.

3) 진돗개의 품종 표준

독자들의 이해를 돕기 위해 모리 교수에 의해 만들어진 최초의 진돗개 표준 규격과, 한국 진돗개 보호 육성법과 그 시행 규칙이 공포된 후 구성된 전라남도 진돗개 심의위원회에서 1985년 6월 12일에 제정한 한국 진돗개의 표준체형을 정리하여 제시하였다.

● 모리 교수에 의한 진돗개 표준 규격(1938년)

◎ 본질과 그 표현: 사납고 위엄이 있으나 소박한 감이 있다. 감각은 예민하고, 동작이 민첩하며, 보양은 경쾌, 탄력이 있다.

◎ 일반 외모: 암수 구별이 분명하고 체구는 균형이 잘 잡혀 있다. 골격은 꽉 짜여 있으며 근육은 발달되어 있다. 수캐의 체고대 체장의 비율은 100:110이나 암캐는 체장이 조금 더 길다. 수캐의 체고는 42.5~59cm, 암캐는 39.5~53cm이다.

◎ 귀: 작으며 삼각형인 귀는 직립하고 있으나 앞으로 조금 기울어 있다.

◎ 눈: 삼각형에 가까우며 바깥눈이 위로 약간 올라가 있다. 홍채는 다갈색을 띤다.

◎ 입술: 비량(鼻梁)은 바르고 입술은 뾰족하다. 비경(鼻鏡)은 견고하고 입술은 잘 다물고 있다. 치아는 강건하고 정교합이다.

◎ 두상: 이마는 넓고 볼은 잘 발달되어 있으며 목은 견고하다.

◎ 앞다리: 견갑골(肩胛骨)은 적당한 각도로 경사져 있으며 허벅지는
　바르고 발은 강하게 땅을 밟는다.

◎ 뒷다리: 강하게 땅을 딛고 있으며 비절(飛節)은 강인하다.

◎ 가슴: 깊으며 가슴이 적당히 벌어졌다. 앞가슴의 발달이 양호하다.

◎ 등과 허리: 등은 곧으며 허리는 강건하다.

◎ 꼬리: 크고 강해 보이지만, 말린 꼬리 혹은 선 꼬리이며 길어서 비단
　(飛端)에 달한다.

◎ 피모: 겉 털은 강직하고 속 털은 연하고 밀생해 있다. 꼬리털은 길고
　서 있으며 모색은 호마(胡麻), 황, 붉은색, 흑색, 호랑이색, 백색이다.

● 전남 진돗개 심의위원회의 표준 체형(1985년)

◎ 일반 외모: 암수의 식별이 뚜렷하고 전체적으로 체형이 잡힌 중형견으로 민첩한 외모를 갖추어야 한다.

◎ 키: 종모견(수) 45cm~58cm, 종빈견(암) 43~53cm

◎ 머리와 얼굴: 정면으로 볼 때는 거의 8각형으로 보이고, 얼굴의 표정은 친절하고 예민하여야 한다.

◎ 귀: 삼각형인 작은 귀가 운동이 극히 활발하며 약간 전방으로 숙여져 있어야 한다.

◎ 눈: 삼각형으로 눈끝이 위로 향하고, 홍채는 털의 색을 따라서 변화가 있으며 일반적으로는 농갈색이어야 하고 백색견은 홍채가 회청색이어야 한다.

◎ 코: 흑색을 원칙으로 한다.

◎ 등: 튼튼하고 직선이어야 하며 등의 앞부분이 약간 높아야 한다.

◎ 가슴: 충분히 발달되어야 한다.

◎ 배: 밑으로 처지지 않아야 한다.

◎ 다리: 앞다리는 적당한 간격을 유지하고 튼튼하며 직립되어야 한다. 뒷다리는 적당한 간격으로 힘 있게 밟아야 한다.

◎ 상지: 앞다리에서만 허용된다.

◎ 꼬리: 몸에 알맞게 굵고 힘 있게 말아 올려지고, 길이는 정강이에 닿아야 한다.

◎ 털색: 겉 털은 강직 윤택하고 얼굴에는 부드러운 털이 밀생하여야 하며 꼬리의 털은 약간 길어야 하고, 털색은 황색 또는 백색을 원칙으로 한다.

◎ 걸음걸이: 걸음걸이와 뛰는 모습은 자연적이고, 뒤에서 볼 때 앞다리가 직선이어야 하며 옆에서 볼 때는 등이 곧아야 한다.

◎ 품성: 충성, 용맹, 경계, 수렵 및 귀가 본능, 결백성, 대담성, 비유혹성 등의 우수한 특성을 지녀야 한다.

4) 진돗개의 특성

진돗개는 중형의 수렵견으로서 주로 중소 동물의 수렵에 적합한 견종인데, 오랫동안 진도섬에 살면서 노루, 고라니, 토끼, 너구리, 멧돼지 등 다양한 동물들을 산야에 나가 스스로 추적하고 습격하며 포획해 가면서 그 생명을 유지해 왔다. 이러한 환경과 수렵의 이유로써 진돗개는 오래 달릴 수 있는 지구력과 단거리에서의 빠른 속도, 동물과의 격투 및 습격 시에 필요한 대담한 승부 근성과 민첩성 등을 두루 갖추고 있다.

이외에도 진돗개만이 지니고 있는 성품적 특징 중에는 몸을 정결하게 관리하며 용변가리를 깨끗하게 한다든지, 독립심과 충성심이 뛰어나서 한 주인에게 주는 깊은 정은 다른 어떤 개에서도 느끼지 못할 정도라는 것 등을 꼽을 수 있다.

진돗개의 체형 및 성품은 이러한 여러 가지 환경 조건에 의해 만들어져 왔다고 볼 수 있는데, 우리 기후 풍토에 오랜 세월 적응한 탓에 가지게 된 강인한 체력과 아름다운 외모, 적절한 체격 구성도 진돗개만이 지닌 우수한 특질이라 할 수 있다.

진돗개 모색을 백색과 황색으로 한정 짓는 견종 표준과는 달리 실제 현장에서의 진돗개 모색은 아래 사진에서처럼 다양한 형태로 표현되고

진돗개의 모색 구분: 1. 황구, 2. 진황, 3. 황구(이백), 4. 백구, 5. 백구, 6. 적구, 7. 흑구(먹구),
8. 흑구(백색 네눈박이), 9. 흑구(황색 네눈박이), 10. 호반색, 11. 회색 또는 재색, 12. 바둑이

있다. 유전적 다양성 유지 차원에서도 표현되는 모든 모색을 인정하는
것이 종의 유전적 건강을 유지하는 데 도움이 될 것이다.

5) 진돗개의 현황과 발전 방안

해방 후 70년이 지나도록 진돗개의 명품화·세계화를 위한 노력이 없었던 것은 아니지만 원하는 만큼의 결과를 얻는 일이 쉬운 일이 아니었던 것 같다. 보호 육성을 위한 진돗개 특별법과 그 많은 진돗개협회와 보존단체들이 있지만, 우리나라를 벗어난 외국에서 진돗개 마니아층을 만들었다는 낭보는 아직 들어보지 못하고 있다.

국내에서야 우리끼리 우리 개이기 때문에 사랑하고 애완하는 것은 있을 수 있는 일이지만 세계시장에 나가기 위해서는 그들 기준에 맞는 경쟁력 있는 개가 되어야 하는데, 품종으로서 아직 준비가 되어 있다고 말하기는 어려울 것 같다. 우리끼리 대단하다고 여기는 진돗개의 귀소성이나 충직함, 사냥 능력, 한려한 깔끔함 같은 성향들은 정도의 차이는 있겠지만 기실 개 공통의 특징에 해당하며 오히려 맹목적 수렵성이나 투쟁심, 배회, 도주성은 외국 애견가들이 크게 선호하는 성품적 장점은 아닌 것 같다. 우리끼리가 아닌 세계 기준에 부합하는 성품의 우수성을 발견하여 인브리딩 과정을 통하여 진돗개 고유 품성으로 고착시켜야 할 것이다.

오히려 걱정스러운 일은 영국의 전문 브리더가 개입하여 그들 입맛에 맞는 붙임성 있고 신사적인 영국 진돗개를 육종하고 있다는 이야기도 전해지고 있다. 국내에서 이미 했어야 하는 작업을 그동안 스스로 못한 관계로 영국 브리더 한두 명에 의해 해외에서의 상업적 종주권을 그들에게 빼앗길 수도 있음을 염려해야 할 것이다. 사람이나 작은 개들을 좀처럼 물지 않고 반려견으로 우수하며 동양적 분위기를 가진 진돗개를 영국 브리더들이 만들어낸다면 우리는 진도라는 이름만 제공해준 꼴이 되어 버릴 수도 있기 때문이다.

우리 정서에 맞는 고유한 한국개의 성품 중에서 현대 서구 중심의 애견문화에서 높이 평가 받을 수 있는 특징이 무엇인지 명확히 구분해보야야 할 것이다. 동양적이면서 세계 기준에 합치하는 우수하면서도 특징 있는 성품을 가진 진돗개를 선별하여 체계적 육종을 민관이 협력하여 추진함으로 세계적으로 경쟁력 있는 명품 진돗개를 시급히 만들어야 할 것이다.

3. 삽살개

1) 삽살개 복원의 시작

조선시대 오백년을 통해 개에게도 족보가 있어야 한다든지 어떻게 생긴 개가 삽살개 순종인지 한 번이라도 의문을 갖고 생각해본 사람은 단언컨대 단 한 사람도 없었다. 막연히 털긴 동네 개를 보고 어떤 사람들은 삽살개라 하고, 또 어떤 사람들은 발발이라 하여도 누구 하나 이의를 제기하지 않는, 전문가도 없고 견종도감도 없던 시대였었다. 이후 조선시대 말쯤 되어서 털이 길어 얼굴을 덮고 있는 덩치 큰 개들은 삽살개로, 작은 털긴 개들은 발발이로 불려졌던 것 같다.

아무튼 우리 역사에서 일제식민지 지배 기간까지 우리의 토종개들은 제대로 된 이름도 없었고 별다른 관심도 끌지 못한 채 그냥 살아왔다. 누구 한 사람 애정과 관심을 가지고 특이한 모습의 개나 어떤 지역의 영리한 개를 이름 있는 품종으로 혈통 고정해보겠다는 생각 자체를 해보지 못한 상태에서 해방을 맞았다.

그러나 일본이나 중국에 비해 상대적으로 열세인 우리의 애견문화사에 있어서 삽살개 복원 작업만은, 몇 가지 운대가 맞아 떨어진 행운이 따랐다. 1960년대 말에 추진된 삽살개 탐색 작업의 주역은 경북대 수의 대의 탁연빈 교수인데, 탁 교수의 개에 대한 안목이 최고 수준이었던 것은 그가 당시 국내 유일한 한국축견협회를 전창수 씨와 함께 설립하여 심사위원장으로 활동하였다는 것을 보아도 알 수 있다.

북경대학 축목학과를 졸업하여 선진 동물 육종학을 깊이 이해하고 있었던 하성진 교수가 탁 교수의 지도교수로서 곁에 있었다는 것도 두 번째 행운이었다. 중국과 일본의 토종개들을 널리 관찰하여 진정한 우리 개들의 모습에 대해 누구보다 더 잘 알고 있던 하 교수의 안목은 삽살개 육종에 크나큰 버팀목으로 역할을 했던 것이다.

삽살개 복원사업은 이 두 분의 선견지명으로부터 시작되었다고 할 수 있다. 이들 동물학 전공학자들의 학식과 경험에 비추어, 그 당시 삽살개로 인정되는 유일하게 살아남은 털긴 토종개 30두가 수집되어 원종집단으로 쓰였기 때문이다.

2) 품종으로서 삽살개 성립 과정

옛 기록에 가장 많이 등장하며 민족정서에 깊이 영향을 끼친 개가 바로 삽살개라는 것을 아는 데는 그리 오랜 시간이 걸리지 않았다. 필자가 1985년 3월 경북대학교 유전공학과 교수로 부임하여 경력을 시작하면서 국문학이나 역사학 전공의 동료 교수들에게 삽살개 자료를 부탁

북경대에서 하성진(뒤줄 좌측 끝)

삽살개를 안고 있는 고등학교 시절의 필자

해 찾아보니 풍부한 자료들이 솟아졌다. 조선시대 최초의 한글소설인 〈숙향전〉의 주요한 등장인물이 청삽살개였으며, 여러 시조와 가사, 민담에 자주 등장하고 있어서 민중들의 애환 어린 삶과 깊이 연루되어 있다는 확신을 가지게 되었다.

삽살개야말로 우리 민중 정서에 부합하는 토종개임이 분명함으로 첫 번째 조건에 잘 맞는 개다.

두 번째 조건의 경우 삽살개 원종 수집 과정에 있어서 당시 국내 제일의 적임자들이 관여하여 추진하였고, 1960년대만 해도 시골 오지에까지 외국 개에 의한 광범위한 교잡화가 덜 일어난 상태였었다. 1985년 필자에 의해 삽살개 보존사업이 재계될 때 다양한 견종들과 늑대의 혈통연구로 세계적 권위를 가진 혈액단백질 분석의 대가인 북해도대학의 타나베 교수와 공동연구를 해서 삽살개와 진돗개의 북방 유래설이 옳다는 근거를 찾은 바 있다. 이후 필자에 의해 극동아시아 지역 토종개들의 초위성체 분석이 이루어져서 삽살개가 한반도의 고유한 토종개임이 밝혀졌다. 연구 결과는 타나베 교수와 공동 명의로 미국 유전학회지에 게제한 바 있다.

세 번째 조건의 경우 삽살개 발굴, 보존과 품종 형성은 3대에 걸친 세 명의 경북대학 교수들에 의해 이루어진 것이다. 엄선되고 검증된 원종 집단으로부터 시작하여 집단이 형성된 시점에서 400여 두의 형태적·품성적·기질적 특성을 연구하여 이를 견종 표준의 근거로 삼았다. 부가적인 근거는 조선시대 개 그림과 경험 있는 원로학자, 애견가들의 견해도 광범위하게 수집하여 참고하였다. 이러한 과정을 통해 지난 30년간 삽살개를 재료로 한 연구논문이 30여 편 이상 국내외 권위 있는 학회지를 통해 발표되었다.

삽살개 복원 전 과정을 통해 진짜 박사학위를 가졌거나 학계에 몸을 담고 있는 연구자 중에는 삽살개 고유성에 대해 이의를 제기한 사람은 지금까지 단 한 명도 없었다. 다만 거짓말을 일삼는 한 사람의 개업 수의사가 근거 없는 주장을 황색 언론을 통해 제기함으로 사회적 이슈를 만들어 개인의 유명세를 높이려는 시도를 한 바 있으나 부질없는 사기 행각임이 세월의 검증을 통해 드러나 있다.

3) 삽살개의 형태적·성품적 특성

삽살개는 우리나라의 춥고 더운 기후에 적응해온 탓에 굵은 겉 털과 가늘고 부드러운 속 털이 밀생해 있다. 이중의 구별되는 털은 한 겨울의 추위로부터 체온을 유지시키는 데 용이하며, 한여름의 더위를 이겨 내기 위해 봄에서 여름까지 속 털이 제거되고 가을부터 겨우 내내 새로운 속 털이 자리 잡게 된다.

삽살개는 보리 고개로 고생하던 궁핍한 우리 선조들과 함께 생활하면서 토착 지형과 기후에 맞추어 살아 왔기 때문에 체구에 비해 많이 먹지 않고 적당한 음식으로도 스스로를 유지시킬 줄 안다. 또한, 삽살개의 털은 자외선 차단 효과가 있어 자외선에 의한 피부·안질환 예방에 효과적이며 털에 의한 시야의 방해는 청각과 후각에 더욱 의존하게 만들어 일반적으로 감지하지 못할 소리와 냄새를 구별하기도 한다.

다른 털 짧은 수렵형 토종개들에 비해 덜 예민하여 경계심에 의한 심리적 스트레스를 덜 입으며, 환절기의 호흡기 질환과 추위에 대한 저항력이 특히 강하다.

삽살개는 덥수룩한 풍모와는 달리 가족이나 친분 있는 사람에 대한 애정 표현이 강한 개다. 강아지 시기에 호의적으로 사귄 사람이라면 몇 년이 지나도 잊지 않고 온몸으로 반기는 영특함과 애정이 있으며, 가족에게는 저항하지 않는 순종적인 면이 있다. 또한 돌발 상황에 대한 반응과 위급 상황에의 대처가 빠른 순발력 있는 개다.

또한 가족에게 온순하고 상냥하지만, 자신과 가족을 지켜야 하는 상황에서는 물러섬이 없고, 일반적으로 다른 동물이나 개를 먼저 공격하기보다 자신을 방어하기 위한 싸움을 하며, 일단 싸움이 벌어지면 좀처럼 물러서거나 포기하지 않는 근성이 있다.

훈련 소질 측면에서 삽살개는 간식에 대한 욕심과 움직이는 물체를 포획하려는 욕구가 적어 도구에 의한 훈련은 적합하지 않으나, 사람의 표정과 감정을 살피는 능력이 탁월하여 교감을 통한 훈련이 용이한 개다.

훈련자가 훈련 시 드러내는 옳고 그름의 표현을 빠르게 인지하여 자신의 행동에 따른 보상적 애정 표현을 기대함으로써 동작을 익히고 완수해 가며, 인지된 동작이나 내용은 오랫동안 잘 기억한다. 또한, 강압적인 훈련에 굴종하지 않는 성향이 강해 친교를 통한 긍정적 훈련에 적합하다.

4) 삽살개의 품종 표준: 일반적 외모와 성품

온몸이 긴 털로 덮여 있는 균형 잡힌 체구의 중형 장모견으로 정적이고 온순한 성품을 지닌다. 두부와 귀 부분의 긴 털이 얼굴을 덮고 있는 관계로 눈과 귀의 구분이 분명치 않고, 코만 강조되어 일견 옛 초가집을 연상시키는 한국적 정서를 지닌 개다. 두상이 상대적으로 커서 갈기 있는 수사자를 연상시킨다 하여 옛부터 사자개로 불리기도 하였다.

침착하나 주인에 대해서는 강한 충성심을 보이는 삽살개는 한국개의 특징인 변가리가 깔끔하고 인내심이 많은 개다. 주인을 쉽게 바꾸지 못하는 반면, 한 번 사귄 주인에게는 온몸으로 정 표시를 할 줄 알며, 외출을 할 때에는 주인 곁을 잘 떠나지 않는 개다. 사냥개 기질은 두드러지지 않으나 반려견이나 번견으로서는 우수한 자질을 지니고 있는 토종개이다.

• 두부

두개부는 긴 털로 인해 단두종처럼 보이나 실제로는 장두종이며 액단도 깊은 편이다. 전체적으로 두부의 털이 길어서 가만히 있을 때에는 눈과 귀, 입이 쉽게 구분되지 않기도 한다.

• 눈

눈의 모양은 적당히 크고 둥근 형태를 띠며 속눈썹이 발달되어 있다. 눈의 색깔은 황삽살개의 경우 연한 갈색을, 청삽살개처럼 색소가 짙은 개는 갈색에서 짙은 갈색을 보인다. 그러나 낮은 빈도로 출현하는 고동색 개의 경우에는 옥색의 눈빛을 띠기도 하지만 공통적으로 모든 삽살개들은 순한 눈빛을 가진다.

• 귀

삽살개의 귀는 보통 크기의 눕는 귀인데 귀를 덮은 털이 길어 양옆으로 드리워진 것처럼 보인다.

• 입

윗입술이 약간 깊이가 있어 아랫입술을 덮어서 싸고, 구열이 쳐지지 않으며 윤곽이 명확하다. 대부분의 경우 교합은 정상교합이며 송곳니가 보통의 길이에 단단한 느낌을 준다.

• 목

두텁고 힘이 있으며 적당한 길이로 알맞게 발달해 있으나, 털이 길어서 목이 짧은 느낌을 주기도 한다.

• 코

삽살개의 코는 까맣고 윤기가 흐르며 적당히 크다. 눈과 귀가 털로 덮여 잘 보이지 않아서 얼굴에서 유난히 코가 돋보인다. 고동색 털을 가진 경우 코의 색깔도 동일한 고동색을 띠기도 한다.

• 전구

앞발은 굵고 곧으며 근육이 발달되어 있다. 어깨는 균형 있게 경사져 있으며 양 앞발이 평행하고 어깨넓이의 폭을 가지며 너무 좁거나 넓으면 좋지 않다. 전완은 곧고 길며 발목은 짧고 약간의 각도를 가지며, 반듯하게 서면 앞발은 지면과 수직을 이룬다.

• 몸통

등은 곧바르고 앞가슴이 발달되어 있으며 가슴은 적당히 넓다. 털이 길어 몸통이 두껍게 느껴지나 실제는 그렇지 않고 날렵한 몸매를 가진다.

• 후구

뒷발의 근육이 발달되어 있고 대퇴부는 평평하고 폭이 넓으며 적당한 각도를 유지한다. 하퇴부에서 발등에 이르는 후지 비절 각의 각도는 깊지 않고 적당한 경사를 이루어

보행 시 부드럽고 자연스러운 움직임을 보인다.

● 발

발가락은 고양이 발가락처럼 꽉 쥔 형태로 되어 있고, 발바닥은 두텁고 단단하여 지면이 불량한 조건에서도 잘 걸으며 장거리 보행 시에도 유리하도록 발달되어 있다. 간혹 뒷발에 랑조(곁 발톱)가 있는 경우도 있다.

● 꼬리

등의 척추 선을 따라 말린 꼬리, 선 꼬리(장대 꼬리), 낚시처럼 끝이 구부러진 모양의 낚시 꼬리 등의 형태를 보이며, 굵고 적당한 길이의 꼬리를 가진다.

● 보행

털이 길어서 일견 움직임이 둔하게 느껴지기도 하지만 실제로는 순발력과 민첩성이 있다. 평보 시 앞발은 부드럽고 경쾌하게 뻗으며 뒷발은 그 족적을 따르고, 속보 시 기민하게 앞발과 뒷발이 교차하며 빠르게 전진한다. 달릴 때 눈을 덮고 있던 털이 눈 양옆으로 제쳐지면서 시야가 확보되어 달리는 모습이 시원하면서도 아름답다.

● 모질

장모 이중모로 겉 털은 길고 두꺼우나 속 털은 짧고 부드러우며 조밀하다. 모질은 직모, 반곱슬, 곱슬로 구분되는데 직모의 경우가 털 엉김이 적고 길다.

• 모색

모색의 다양성을 모두 인정하는데, 기본 색조로 청과 황색을 띠는 개체가 가장 많으며 낮은 빈도로 백색, 고동색, 얼룩무늬 개들도 있다. 가장 흔한 청삽살개와 황삽살개도 색소의 농담과 멜라닌 색소 분포에 따라 다양한 변이 형태들이 관찰된다.

• 크기

체고: 수컷 52~60cm, 암컷 50~58cm

체중: 수컷 24~32kg, 암컷 18~26kg

5) 옛 자료로 보는 삽살개의 민속학적 의미

삽살개의 원래 의미는 액운 쫓는 개다. '살(煞)'이란 액운, 즉 사람을 해치는 기운을 말하며, '삽'은 '퍼낸다, 없앤다'는 뜻을 지니는데, 삽살이, 삽사리로도 불리어진 삽살개는 말 그대로 악귀 쫓는 개를 뜻하는 것이다.

조선조 후반에 오면 다양한 문학 장르에 삽살개가 등장하는데 주로 민중의 애환이 서린 신세한탄가·민요·가사에 많이 나타난다. 그러나 민

조선 말기에 유행한
민화중 문배도
(액 쫓는 그림)

중 정서에 부합되며 애환 서린 노랫가락이 많을지라도 역시 삽살개는 액막이용 서수로서의 흔적을 여기저기에서 발견하게 된다. 땅 힘이 센 집의 기운을 꺾기 위해 삽살개를 길렀다거나, 99칸 대가의 액막이용 동물로 활용되었다는 전승은 삽사리의 문자적 의미와 맥이 닿는 이야기일 것이다.

　그러나 삽살개에 관한 오래된 이야기들은 신라와 연관된 것들이 많다. 경주 건천 지방의 구전 가운데 김유신 장군이 삽살개를 군견으로 싸움터에 데리고 다녔다는 이야기는 유명하다. 중국과 일본의 불교계에서 환생한 지장보살 지장왕으로 떠받들어지고 있는 중국 당나라 때의 고승 김교각 스님이 볍씨와 삽살개 한 마리만 데리고 돛단배를 타고 중국으로 건너가 안휘성 지역에 벼농사 짓는 법을 전파한 이야기는 수많은 문헌 기록으로 남아 있다. 중국 구화산지, 서장문화 등 300종 가까운 중국 측 고전 및 현대 문헌 기록에 의하면 지장보살 김 교각은 신라 33대 성덕왕의 장남으로 서기 695년에 태어나 21세 때인 716년에 당나라로 건너간 뒤 구화산에서 성불했으며 794년에 99세로 입적했다고 되어 있다. 김교각 스님이 삽살개를 데리고 고행했다는 불교 성지에는 현재 지장의 육신을 모신 7층 석탑과 육신 보전궁, 삽살개를 타고 있는 지장보살상, 그리고 많은 유품과 기록이 보존되어 있다고 한다.

　통일신라 때만 해도 궁중에서 귀하게 길러지던 삽살개가 신라가 망

南無大願地藏王菩薩

眾生度盡方證菩提

地獄未空誓不成佛

삽살개를 타고 앉은 지장보살, 김교각

하면서 민가로 흘러나와 고려 때부터는 남부 지역의 일반 민가에서까지 널리 길러지게 되었다는 구전은 상당한 설득력을 지니는 것 같다. 왕손인 김교각 스님이나 귀족 출신인 김유신 장군이 애견으로 평생 데리고 다닌 삽살개는 고려시대 무장이었던 유천매의 한시 속에서는 다루기 어려운 북쪽 말에 대응하는 남쪽 삽살개 무리로 등장하기도 한다.

"북에서 온 말들은 채찍질을 따르지 않고

남에서 모인 삽사리 떼는 하늘 보고 짖으려 하네"

이 같은 이야기들은 그 당시 극동 아시아 지역에 새로운 정치·종교 이념으로 등장한 신흥 종교인 불교의 발흥과 연관하여 볼 때 삽살개에 관한 문화적 함의의 형성 과정에 대한 실마리를 제공해줄 수도 있을 것 같다.

아시아권에서 삽살개와 가장 닮은 개를 들라면 티벳 유래의 개들, 곧 티벳 테리어, 티벳 마스티프(Mastiff) 등이 떠오른다. 티벳 테리어는 티벳 지방에서는 오래 전부터 행운을 가져 오는 개, 귀신 쫓는 개로 인식되어 선물로 주고받았을 뿐 금전 거래는 하지 않았다고 한다. 라사 압소와 시추도 마찬가지로 티벳 유래의 개로서 중국에서는 작은 사자개로 알려져 왔는데, 이들 소형이며 삽살개 닮은 털 긴 개들이 이웃나라로 전

티벳 테리어   시추   페키니스

찡   라사 압소

파되어 주로 왕가나 귀족들의 전유물로서 길러졌다고 한다. 라사 압소에서 유래되었다고 하는 페키니스는 당나라 현종 때에는 금사구로 불리며 왕족이 아니면 기를 수 없는 개였다고 하는데, 17세기 후반에 일본에 전파되어 일본 찡으로 개량되었다. 일본 찡도 역시 오랫동안 귀족들만 기를 수 있었던 특별한 개로 취급되었다.

당시 동양 여러 나라의 왕가나 지체 높은 분들이 털 긴 티벳 유래 혈통의 개를 귀하게 여기며 기르던 것과 맥을 같이하여 신라 귀족사회에서도 삽살개를 귀신 쫓아주는 소중한 개로 여기며 길렀던 것이다. 신라의 불교 미술품 가운데서 지금까지 원형을 유지한 채 남아 있는 많지 않은 유물 가운데서 석사자로 알려진 석수 조각품들이 있다. 사자를 보지 못

일본의 고마이누   다보탑의 석사자

중국의 사자개

한 아시아의 옛 석공들은 귀신 쫓는 털긴 삽살개를 사자의 모델로 삼아 석수 조각들을 만들었을 가능성도 생각해볼 수 있을 것이다.

불교 문화권 안에서 털긴 개들이 사자에 상응한 가치를 지닌 동물로 대접받은 예는 일본의 신당수인 고마이누(고려개 일명 사자개)에서 찾아볼 수 있는데 액운 쫓는 고려개로서 많은 보물급 유물들이 현재 일본에 남아 있다. 귀신 쫓는 삽살개, 액운 쫓는 일본의 고려개, 행운을 가져다주는 티벳의 사자개들로부터 지역을 넘어선 당시의 문화적인 공통점을 찾아볼 수 있다.

6) 삽살개의 현황과 당면 과제

삽살개는 현재 경산의 삽살개 육종연구소에 400여 두가 집단 사육되고 있으며 개별 동호인들이 기르고 있는 삽살개까지 합친다면 등록된 수만 3,000두가 넘는다. 멸종 위기는 완전히 넘긴 상태지만 체계적인 인브리딩을 통한 형질 고정의 단계에는 아직 이르지 못하고 있다. 토종개 집단을 살려내고 유전자 자원의 다양성은 어느 정도 확보했지만 서구 애견문화적 관점으로 볼 때 완성된 품종으로 인정받기에는 아직 이른 감이 있다.

서구의 애견 시장에 소개하고 견종 인정을 받는 일이 시급하지 않기 때문에 천천히 준비하여 내실을 다지고 있다. 골격의 모양과 크기, 외형적 아름다움, 성품의 안정성, 훈련 소질 등 다양한 외적 형질들과 번식 능력 같은 내적 형질들을 봄과 가을에 자체 품평회를 거쳐 검증하는 작업을 꾸준히 하고 있다.

4. 동경이

1) 기원과 품종 성립 과정

십수 년 전에 나주에서 댕견이라는 이름으로 꼬리 없는 개들을 다수 보유하고 있던 사람이 제출한 천연기념물 지정 신청에 대해 문화재청에서 필자의 의견을 물어온 적이 있었다. 영남 지방에서는 동경개·동가이·병신개로, 호남 지방에서는 댕견·땡갱이·동동이·동강이, 충청 지역에서는 댕구라는 여러 이름으로 불렸다고 하니 꼬리 없는 개가 전국적인 지명도는 있었던 것 같으나 역시 동경이는 경주 지역에서 많이 발견되던 꼬리 없는 개를 지칭한다는 데는 이견이 없을 것 같다.

동경이에 대한 문헌적 근거로 1770년대 발행된 『증보문헌비고』 12권에 의하면 꼬리 없는 개를 동경 견이라 한다는 기록이 있고, 처용가에서 서라벌을 동경으로 기록한 점 등으로 미루어 동경은 현재의 경주를 지칭한다. 따라서 우리는 경주에 살던 꼬리 없어 특이한 개에 대한 많은 증언들을 여러 자료들을 통해 접할 수 있는 것이다.

그동안 확인한 자료들만으로도 동경이의 인문학적 민속학적 근거는 충분한 것으로 생각된다. 다만 당시 경주 지역에 흔했던 그 동경이가 지금 경주 지역에서 특별 사육되고 있는 천연기념물 동경이와 혈통적 연관이 지워지는지는 알 길이 없지만, 최근 경주 동경이의 혈통적 유연 관계에 대한 집단유전학적 연구 결과들을 보면 동경이는 진돗개와 혈연이 가장 가까우며 삽살개 풍산개와도 혈연적 연관이 깊은 것으로 나타나고 있다.

현존 동경이의 보존사업은 경주 동국대에 근무하는 최석규 교수에 의해 시작되었고 견종표준도 최 교수에 의해 만들어졌으니 토종개 요건에 필요한 세 가지 전제 조건 모두 충족하는 우리 개라 할 수 있을 것이다.

2) 동경이 품종 표준

구분	체장(cm)	체고(cm)	체중(kg)	귀	모색	미추(마디)
암컷	49~52	44~47	14~16	선귀	백구/황구	단미: 5~9
수컷	52~55	47~49	16~18		흑구/호구	무미: 0~4

(1) 일반적인 외관

일반적인 외관은 다리 부위가 몸통 부위보다 길고, 체고와 체장의 비율은 체장이 다소 긴 장방형이다.

그리고 경주개 동경이는 암컷은 암컷다운 외모와 균형미를 가지고 있

A female and male of Gyeongju Donggyeong dogs.
주(註). A: female, B: male

고, 수컷은 수컷다운 두상과 근육을 가지고 있어 구별이 뚜렷하고, 크기는 중형견으로 잘 조화되어 있으며, 균형 잡힌 체구로서 골격 및 근육은 강하고 견고하다.

(2) 기질(temperament)

선천적으로 사람을 매우 좋아하는 친화성을 가지고 있다. 꼬리가 없기 때문에 엉덩이를 흔들거나 혓바닥으로 핥는 것으로 즐거움과 반가움을 표현한다.

사람에게 공격적으로 짖거나 위협을 가하거나, 사람을 두렵게 여기고 회피하는 성격이 없다. 또 특별한 위험을 느끼지 않는 한 공격하지 않는다. 그러나 위계질서를 위한 서열 싸움은 대단히 치열하다.

(3) 두개 부문(cranial region)

머리는 몸체와의 균형을 이루는 중간 정도의 크기이며, 액단(stop)은 두부 전체의 정중앙에 위치하고 있으며, 비교적 뚜렷한 편이며 액단에서 코끝까지 코등은 반듯하다. 머리는 두개장 길이가 안면장의 길이보다 길지만, 두개장의 길이가 크게 길지는 않고, 두정부(crown)는 적당하게 넓고 액단을 지나는 안면부에서부터 좁아지지만 입은 뾰족하지 않다.

(4) 얼굴 부문(facial region)

얼굴 부문의 입, 치아, 교합, 설반, 눈, 코와 귀 등에 대한 품종 표준에 설명과 같이 정리할 수 있다.

(5) 몸통 부문(body region)

－목: 목은 길지 않고 우람하게 보이며 근육이 잘 발달되어 피부가 느슨하지 않고 주름이 없이 잡아당기는 듯한 느낌이 있어야 하고, 45도 경사로 앞을 향해 머리를 쳐들고 있다.

－등과 허리: 등은 기갑에서 허리까지 수평인 레벨백(level back)이며, 흉추부와 요추부는 매우 튼튼해야 하며 움직일 때는 좌우 요동이

없고, 등선은 굴곡이 없고 앞부분이 약간 높다.

-가슴과 배: 가슴은 깊고 잘 발달되어 있으며 흉심은 체고의 2분의 1 정도이며 타원형 절반복부는 충분하게 넓은 공간이 확보되어야 하고 긴장되어 위로 올려 붙어 있는 느낌이 들어야 한다. 아랫배는 늑골이 끝나는 지점부터 서서히 윗배 쪽으로 긴장되어 올려 붙어 있다.

구분	품종 표준 기준	설명
입		입술은 검은색 피부로 아래로 처져 있지 않고, 윗입술이 아랫입술을 가볍게 덮고 있으며, 구열은 깊게 파여 있지 않다.
이빨		치아는 위아래 42개이고, 견치는 위아래 각 2개, 절치는 위아래 각 6개, 전구치는 위아래 각 8개, 후구치는 위 4개, 아래 6개로 구성되어 있고, 건강하고 결치는 없어야 한다.
교합		치아의 물린 상태로, 가위결합(scissors bite)을 정상교합으로 인정하지만, 심하지 않은 절단결합(leve bite)도 인정한다.
설반		혓바닥의 검푸른 반점으로, 없는 것을 원칙하고, 심하지 않는 것은 인정한다.
눈		둥근형으로 청아한 생기를 느낄 수 있어야 하며 눈꺼풀은 둥근형으로 탄력이 있으며 눈썹이 잘 발달되어 있고, 눈동자는 검거나 검은 갈색을 띈다.
코		코의 색깔은 일반적으로 검정색이며, 백구나 호구는 적갈색을 띌 때도 있다. 전비심과 전비폭의 길이는 비슷하여 정면에서 보면 정사각형 형태이다.
귀		쫑긋하게 앞을 향하며, 귀의 길이는 귀의 폭보다 길고, 귀 사이의 간격은 귀의 높이보다 넓고, 얼굴 폭과 비슷하다. 크기는 얼굴 크기와 조화롭고 위치는 정수부(crown)이다.

(6) 꼬리(tail)

꼬리는 선천적인 단미, 무미이며, 무미는 X-ray 상으로 미추골이 2~4
마디까지 있고, 단미는 5~9마디이며, 꼬리 끝부분은 긴 털과 함께 피부
가 뾰족하게 돌출되어 있다.

(7) 사지(forequarters and hindquarters)

-다리: 앞다리는 적당한 간격을 유지하고 직립이 되어야 한다. 뒷다
   리는 적당한 간격으로 몸체를 앞으로 미는 인상을 주게끔 적당한 비
   절 각도를 유지한다.

-비절(飛節): 비절(hock joint)의 각도는 무릎 관절의 각도와 같거나
   약간 깊은 듯한 것이 정상이며, 역비절(ox hock)이거나 지나치게 깊
   은 곡비(曲飛)는 바람직하지 못하다.

-큐션과 발: 큐션의 색깔은 검정과 분홍색을 띤다. 발은 활모양으로
   잘 구부러진 발가락이 촘촘하게 모여 있는 둥근 발(round foot, cat
   foot)이며, 셋째와 넷째 발가락이 둘째와 다섯째 발가락에 비해 약
   간 길며 발자국은 둥글다. 며느리발톱(랑조)은 대부분이 퇴화되어
   없지만 있을 때도 있다.

(8) 털(coat)과 모색(color)

피모는 이중모(double coat)이며 겉털(cover coat)은 강모로 빳빳하고 윤기가 있고 털끝은 대부분이 가늘지만 낚시형 털도 있다. 속털(under coat)은 부드럽고 조밀한 솜털이다. 얼굴 및 가슴 털은 부드러운 털이 밀생되어 있고, 모색은 백구, 황구, 흑구, 호구 등이다.

3) 현황과 발전 방안

사실 동경이가 과거 문헌에 기록으로 남은 이유는 꼬리 없다는 특이성에 기인하고 있을 뿐, 다른 어떠한 특징에 대한 내용이 있는 것은 아니었다. 개라면 당연히 꼬리가 있어야 하는데, 경주 지역에서 발생한 꼬리 없는 돌연변이체들이 당시 현대 생물학을 모르던 선조들의 눈에는 무척 이상하게 비쳤을 것이고 이러한 이상 현상들이 옛 문헌에 기록으로 남았던 것이다.

견종들 중에는 특이한 돌연변이체들이 하나의 품종으로 고정된 예가 없는 것은 아니지만, 극히 예외적인 경우에 해당한다. 닥스 하운드나 멕시코와 중국의 무모견들이 그러한 예인데, 이들 돌연변이 품종견들은 나름대로의 스토리텔링거리나 유용성이 당시에는 있었다.

닥스 하운드의 경우에는 여우나 토끼 굴에 들어가 사냥할 수 있는 짧은 다리의 장점이 당시 영국사회에서 유행하던 사냥 취미와 맞아떨어진 점도 있지만, 특이한 골격 구성의 불일치가 파격의 미학성을 자극했다고 할까. 아무튼 견종 중 유일무이한 파격의 특징을 살린 품종이라 할 수 있을 것이다.

그러나 무미견의 경우는 조금 다르다고 할 수밖에 없는데, 보통 개나 고양이, 쥐의 경우 약 5만 마리 중에서 한 마리 꼴로 꼬리 없는 변종이 태어나는데, 이러한 돌연변이는 미학적으로나 기능적으로 유용성을 인정받기 어려운 표현 형질로 보기 때문에 일단 발생하면 유전병의 일종으로 여기는 경향이 강하다. 서양 견종들 중에서도 꼬리 없는 돌연변이가 높은 빈도로 출연하는 품종들이 몇 종류 있으나 꼬리 없다는 특징 하나만 가지고 품종의 주된 이유가 된 경우는 없다.

동경이가 어느 시점에서 정부의 특별한 관심 없이도 독립 품종으로 살아남기 위해서는 이러한 태생적 한계를 극복할 뿐만 아니라 약점을 장점으로 바꾸는 비상한 노력이 있어야 할 것이다. 또한 시대에 맞는 동경이만의 이야깃거리를 만들어내어야 할 것이고, 개 자체만으로 봐도 우수한 품성의 경쟁력 갖춘 개로서 정체성을 확립해나가야 할 것이다.

5. 풍산개

1) 기원

풍산개는 함경남도(량강도) 풍산군(김형권군) 풍산면과 안수면 일대에서 오래전부터 길러오던 토착개이다. 북한 자료에 의하면 개와 승냥이의 교잡으로 생겨났다는 설도 있으나 러시아 아무르강 일대에서 호랑이 사냥하던 북방견, 라이카의 후손이라는 설이 설득력이 있다. 만주의 고드레개를 외형적으로 많이 닮았다고도 하는데 아마도 만주, 시베리아 등지의 북방견들과 혈연적인 연관이 있기 때문에 형태의 특징을 공유하는 것이 아닌가 생각된다.

형태적으로 진돗개와도 많이 닮은 풍산개는 전형적인 북방견에 속한다. 일반적으로 남쪽 도서 지방의 개들보다는 북쪽 산악 지역 개들의 체구 구성이 강건하며 큰 것이 특징인데, 시베리아나 몽고개들보다는 체구가 작지만 풍산개 역시 진돗개보다는 조금 큰 중형견에 속한다. 우리 민족이 남하하여 반도에 정착할 당시 같이 이동하여 정착한 것으로 믿어지는데, 고원 산악지대라는 지리적 고립성으로 인해 고유의 토착 풍산개가 형성된 것으로 보인다. 풍산개는 구한말 호랑이 사냥꾼인 백색 러시아 포수들과 갑산 포수들에 의해 그 용맹성이 알려지면서 유명하게 되었다고 한다.

2) 보존 과정과 현재 상황

풍산개의 천연기념물 지정도 일본인 모리 교수에 의해 추진되었다. 모리 교수의 건의를 받아들여 1942년 6월 15일 조선총독부는 풍산개를 천연기념물 제128호로 지정하였으며 진돗개와 마찬가지로 정책적인 보호운동을 폈다고 한다. 이를 승계하여 해방 후 북한에서도 풍산개를 천연기념물로 지정하여 국가 보호개로 인정하였다. 1965년에는 몇 마리 남지 않은 풍산개를 국견으로 지정하였으며 1975년에는 풍산군 광동면 광덕리를 종축장으로 지정하여 국가사업으로 사육을 시작하였고, 소수의 풍산개가 풍산중·고등학교와 평양축견연구소, 군부대에서도 사육하게 되었다고 한다.

우리나라에서는 한 무역업자가 1993년 11월에 중국을 통해 인천으로 몰래 10여 마리를 들여온 것이 최초라고 하나, 일본을 통해 그 이전에 수입된 적이 있었다는 주장도 있다. 그러나 93년 이후 수입 근거와 출처에 대한 확인도 없이 여러 언론 매체에서 풍산개를 무분별하게 흥미 위주로 다루었으며, 고가로 거래된다는 소문이 나돌면서 중국을 통해 많은 개들이 풍산개라는 이름으로 수입되기 시작했다.

현재 풍산개의 실상은 전국에 산재해 있는 풍산개 사육농장에서 자기만의 정통성과 우수성을 주장하고 있으나, 정작 원산지인 북한으로부터 공개된 자료의 부족으로 인해 판단 근거가 확실하지 않은 형편이다. 초기 수입된 개들 중에는 귀가 누운 개들이 많았으나, 이후의 개들은 선 귀가 많은 등 기본 형태에 대한 기준조차 불확실한 것이 현제 상황이다. 풍산개의 원조는 북한의 풍산 지역이므로 북한으로부터 공개된 자료와 표준이 될 만한 다수의 개들이 있어야만 논의의 진행이 가능해질 수 있다. 북한 풍산개의 혈액 DNA로부터 유전자 분석이 이루어지고 삽살개 및 진돗개와의 비교 연구가 된 연후라야 소위 국내 풍산개들의 진위 여부가 가려질 수 있을 것이다.

3) 체형 및 형태 특징

체고 55~60cm, 체장 60~65cm, 체중 20~30kg인 중형견으로 몸에는 털이 빽빽이 나 있으며 모색은 흰색인데 연한 재색털이 고르게 섞인 것도 있다. 머리는 둥글고 아랫턱이 약간 나왔으며 비색은 살색 또는 검은색이며 주둥이는 넓고 짧다. 귀는 삼각형으로 직립하며 끝이 앞으로 약간 굽었다. 꼬리는 말려 있으며 길고 부드러운 털이 있다. 턱밑에는 콩알만한 도드리가 있는데 거기에는 5~10cm 정도 되는 수염 모양의 털이 3대 정도씩 나 있다. 이마는 두드러져 보이고 눈은 오목 들어간 것처럼 보이는데, 눈알은 검고 둥글다. 목은 짧고 굵으며 앞가슴은 넓고 깊으며 발달되었다. 허리는 중 정도로 길고 배는 널어지지 않았으며 등은 넓다. 엉덩이도 넓으며 뒷다리의 자세는 곧다. 풍산개는 3흑이라야 한다는 이야기가 전해지는데, 일제강점기만 해도 눈·코·주둥이가 검어야 순종으로 취급받았다고 한다(북한판 백과사전, 풍산개 자료).

풍산개

6. 제주개

1) 제주개의 기원과 품종 성립 과정

제주개는 진돗개와 기원이 다르며 외적 표현형질에 있어 차이가 있다고 주장한 북해도 대학 타나베 교수의 연구 논문을 접한 적이 있다. 제주도가 역사시대 이전부터 중국과 일본을 잇는 해상무역의 요충지로서 중요성이 컸다는 일부 역사학자들의 주장이 사실이라면 제주의 토종 동물들은 다양한 기원으로부터 유래되었을 가능성도 있다. 어찌되었건 제주도에는 오래 전부터 고유한 개가 있어 왔고, 그 개들에 대한 지역의 전래 민담이나 자료들이 남아 있는 것도 사실이다.

1986년에 제주도 축산진흥원에서 제주 지역을 샅샅이 뒤져 제주 고유개로 추정되는 암캐 두 마리와 수캐 한 마리를 수집하여 30년 동안 보존하면서 증식시켜 왔는데, 이제 전체 500두 정도 되는 후손들이 제주 지역민들에 의해 보존되고 있으며, 축산진흥원에서는 자체 60여 두를 개통 번식하고 있다. 소중한 생물자원임에 틀림이 없지만 아직 육지의 다른 토종개들이나 주변국들 토종개들과의 진화적 연관성이나 품종 특성에 대한 학술적 연구 노력은 미흡한 상태인 것 같다.

제주개

2) 체형 및 형태특징

● 제주도 축산 진흥원의 자료

○ 체중: 암컷 12.6kg, 수컷 16.3kg

○ 체고: 암컷 45.6cm, 수컷 46.2cm

○ 체장: 암컷 49.1cm, 수컷 55.8cm

○ 흉위: 암컷 51.5cm, 수컷 55cm

○ 배고: 암컷 43.6cm, 수컷 45cm

○ 이장: 암컷 7.8cm, 수컷 8.0cm

○ 미장: 암컷 23.0cm, 수컷 21.0cm

○ 두장: 암컷 16.7cm, 수컷 18.0cm

○ 이마는 넓고 입술은 여우 모양임.

○ 다리는 가늘고 가슴이 넓으며 꼬리털은 길고, 꼬리는 상향임.

○ 행동이 민첩하고 영리 온순하며 야생동물 사냥 능력이 우수함.

○ 모색은 대부분 황색에 중형종임.

○ 청각·후각·시각이 잘 발달됨.

○ 체구는 왜소하며 질병 저항력이 강함.

○ 주인에게 잘 순종하며 모발은 굵고 귀가 섬.

● 일반적인 특징(일본 재래가축연구회 조사 보고서, 1990년)

체구는 작지만 민첩하고 주인 말을 잘 듣는데다 질병 저항성도 뛰어나다. 옛
부터 집 지키는 개로 길렀으며, 한라산 중턱 산간 지대에서는 노루·오소리 등 산
짐승도 잘 잡았음으로 사냥개로도 길렀다고 한다. 형태적 특징은 서부의 개와
섬 동·북부의 개가 조금 다른 것으로 알려지고 있으며 전체적으로 진돗개를 닮
았으나 조금 작다. 서부는 진돗개나 일본개와 거의 같고 털도 두텁다. 그러나 동
북부의 개는 몸통이 약간 길고 주둥이도 긴 느낌을 준다.

○ 모색: 황색과 백색견이 많았는데 황색은 51.7%(116두 중 60두) 백색은
   33.6%(39두)였다. 그러나 흑호마 14두와 흑갈 4두도 있었다.

○ 귀: 뾰족이 선 귀를 가진 개가 125두 중 109두로 90% 가까이 되었으며 반
   쯤 누운 귀가 14두로 11.2%, 완전히 누운 귀가 2두로 1.6%였다.

○ 꼬리: 압도적으로 선 꼬리(125두 중 106두)가 많았으며 말린 꼬리는 전체
   의 1/8, 누운 꼬리는 4두로서 3.2%였다.

○ 설반과 랑조: 설반은 2두(1.6%)에서, 랑조는 5두에서 발견되었다.

○ 체형: 체고는 수컷이 41.28cm, 암컷이 40.72cm, 체장은 수컷 50.88cm,
   암컷 48.78cm, 흉위는 수컷 54.71cm, 암컷 52.32cm였다.

제주개에 대한 일본 학자들의 조사 보고는 잡종화가 상당히 진행된,
당시 제주도에 서식하고 있던 제주개들에 대한 연구 결과이다. 따라서
현재 축산진흥원에서 보존하고 있는 제주개 원종이 이들과 어떤 공통

점이 있으며 또 어떻게 다른지 비교해보는 작업부터 선행되어야 할 것이다.

3) 현황과 발전 방안

일반적으로 제주개는 진돗개와 비슷하게 생겼으나 몸 크기는 다소 작으며 꼬리는 말린 꼬리보다는 수직으로 선 꼬리가 많으며 모색에 대한 혈통 고정이 이루어지지 않은 관계로 다양한 색조가 출현하는 것으로 알려져 있다. 이제 혈통 고정을 위한 전 단계로 제주개 집단에 대한 형태, 성품에 대한 조사와 유전학적 연구를 수행할 때가 된 것 같다.

우선 집단의 외적 형질에 대한 면밀한 검토를 한 후 그 자료를 근거로 하여 제주개의 견종 표준을 설정하고 이에 따라 우수한 개체들을 잘 활용하여 견종 표준에 부합하면서 좋은 성품과 모양을 가진 개들을 선별 교배 해나가면 될 것이다. 아직 제주개는 품종 형성의 초기 단계에 있지만, 지역의 좋은 문화자원을 개발하는 일이기 때문에 축산진흥원과 제주 지역민들이 협력하여 진행시켜 볼 만한 일이라고 생각된다. 민관 합심하여 육종을 위한 시스템 구축이 필요한 시점이다.

병행하여 문헌 탐색을 통해 제주개의 기원이나 옛모습을 규정지을 수 있는 자료를 발견한다면 더없이 좋은 일이겠지만 이런 부차적인 자료

없이도 할 수 있는 일은 많이 있다. 우선 제주 축산진흥원에서는 핵심되는 원종 최저 두수를 선정해서 사육하고 나머지 개들은 제주개 마을 등을 제주도 내 여러 지역에 지정하여 일반인들이 기르게 하는 것도 방법이 될 수 있다. 그러나 데이터베이스를 만들어 혈통 관리를 해주며, 정기적인 품평회를 통해 육종의 방향을 잡아주는 것은 진흥원에서 맡아 해주어야 될 것이다.

7. 고려개(단모 삽살개)

1) 기원

경산의 삽살개는 1992년 문화재청으로부터 천연기념물 제368호로 지정받은 우리나라의 대표적 토종개이다. 진도섬의 지역 견종인 진돗개와는 달리 삽살개는 경상도 지역을 중심으로 한반도 전역에 분포되어 있던, 보다 큰 유전자 집단에 속한 중형 장모종 개이다.

그런데 삽살개가 그려진 병풍이나 민화 그림에는 비슷한 크기의 털 짧은 토종개가 같이 등장하는 경우가 많이 있는데, 이들 이름 없는 단모 개들이야말로 한반도 전역에서 큰 유전자 풀을 삽살개와 공유하다가 해방 후 격변기를 거치면서 빠르게 사라져 버린 대표적 우리나라 중형 재래견이다.

흥미롭게도 이런 단모 개체들이 장모종인 삽살개 집단 중에서 지속적으로 출현하고 있는데 빈도가 많이 낮아지긴 했지만 현재에도 모색에 상관없이 일정 비율(3%)로 태어나고 있다. 외형상 삽살개와는 많이 다르지만 이 개들은 털 길이의 차이만 제외하면 나머지 전체 유전자는 삽살개와 거의 동일한데 유전 패턴으로 봐서 단일 유전자에 의해 장·단모가 결정되는 것으로 보인다.

최초 30마리 장모 삽살개가 집단 사육되면서 숫자가 500여 두로 증가하니 일종의 부산물로 수십 마리의 단모가 태어나게 되었는데, 이 개들은 김두량의 그림 속에 등장하는 개들과 흡사하거나, 250년 된 병풍 속에 앉아 있는 누렁이와 꼭 같이 생긴 개들이 많았다. 수십 년 삽살개 보존사업 중에 완전히 멸종되어 버린 줄 알았던 털 짧은 옛 개들이 삽

살개 집단으로부터 되살아난 것이다. 위의 사진은 사라진 옛 그림 속의 개들과 삽살개로부터 복원된 고려개들의 모습이 거의 흡사함을 잘 보여주고 있다.

2) 고려개의 형태적·성품적 특성

단모 삽살개는 장모 삽살개와 골격 크기나 구성은 동일하지만, 외형적 특징에 있어서는 많이 달라보인다. 완전히 다른 품종의 개를 연상시킬 수 있을 정도로 다른 모습을 띠는데, 장모 삽살개와 연관하여 단모의 견종 표준 작성에 필요한 형태학적·성품적·집단유전학적 연구가 이미 상당 수준 진행되어 있다.

형태적 특징은 중형 단모견으로 귀가 누웠고 풍성한 꼬리는 자연스런 상태에서 들려 올라가며 하체 부위에 갈기가 있는 개도 있다. 얼굴 모습은 주둥이가 진돗개처럼 뾰족하지 않으며 조금 뭉툭한 것이 순한 표정을 지니는 개체가 많다. 수견 체고의 범위는 52~60cm이며 체중은 24~32kg, 암견 체고는 50~58cm 체중은 20~26kg이며, 서양의 중형 견들과는 달리 뒷다리의 비절 각도가 깊지 않으며 튼튼한 하지를 지닌다.

모색 특징은 삽살개에서 발견되는 모든 모색이 고루 발현되고 있는데, 청삽살개에 해당하는 네눈박이 검둥이와 황삽살개에서 유래한 누렁이가 가장 흔해 기본 색조를 이루고 있다. 낮은 빈도지만 바둑이도 있고 고동색이나 백구도 있어서, 옛 그림에 묘사된 그대로의 모습과 색깔들을 다 볼 수 있다.

성품적 특징은 국내 타 견종에 비해 사람을 좋아하고 온순하며 정적인 면이 강하다. 한국개의 특징인 변가리가 깔끔하고 식탐이 적으며, 낯선 사람에 대해 경계심은 보이지만 필요 이상으로 짖지는 않는다.

체질적 특징은 삽살개 집단에서 유래되었음으로 거의 삽살개와 동일하다고 보면 크게 틀리지 않으나, 삽살개에서 간혹 관찰되는 선천성 질환인 고관절 이형성 출현 빈도가 현저히 낮고 지금까지 어떠한 유전병도 발병된 사계가 없다. 우리 기후 풍토에 오랜 세월 적응한 탓에 혹한과 혹서에도 잘 견디며 환절기 감기조차 잘 걸리지 않는 튼튼한 체질이다.

집단유전학적으로 삽살개 집단과 99.9% 동일하여 진돗개 및 풍산개와 유전적 특징을 공유하고 있으나, 단모 최초 집단(성견 기준 40두)의 개체수가 작아서 장모(300두)와 외적 표현 형질에서 집단 간 차이를 보이고 있다. 장모 집단 중에서 결치의 비율이 9%를 보이나 단모에서는 결치를 가진 개가 없으며, 치아 교합의 경우도 장모인 경우 90%가 정상인 반면, 단모에서는 모두(100%)가 정상을 보였다. 혀에서 관찰되는 설

반의 경우도 장모에서는 8%가 설반을 가지고 있는 데 비해 단모에서는
설반을 가진 개체가 없었다.

3) 품종 성립 과정과 발전 방안

단모 삽살개는 현재 삽살개 육종연구소 내의 격리된 건물 공간(보호
구역 밖)에서 40두가 잘 보존되고 있다. 삽살개 관리 매뉴얼에 따라 동
일한 직원들에 의해 양질의 사료를 급식 받으며 비교적 건강하게 유지
되고 있는 상태이다.

장모에서 단모가 출현하게 된 5대에 걸친 가계도를 보면 단모는 단일
유전자 열성 형질이며 동형접합자가 되어 일단 단모가 발현되면 혈통이
고정된 상태가 된다. 따라서 격리된 40두 단모견들은 모두 100% 혈통
이 고정되었다고 보아도 틀린 말이 아니다.

가계도에서 보듯이 이들 40두 단모견들은 토종으로 증명된 삽살개 집
단에서 유래한 개들임으로 그 혈통근거가 확실하며 이들 집단의 유전자
내부 구조에 대한 연구는 DNA Chip을 활용하여 상세히 분석되어 있다.
영남대학교 생물정보학팀과의 공동 연구를 통해 단모 결정 유전자와 삽
살개에서 일정 빈도를 보이는 고관절 이형성 유발 유전자와 관련된 마커
찾는 작업이 동시에 진행되고 있는 관계로 단모 혈통 정립에 필요한 광범
위한 데이터들이 학술논문으로 조만간 발표될 단계에 와 있다.

현재 진행 중인 단모 결정 유전자의 마커를 찾게 되면 삽살개 중에 이형접합자로 숨어 있는 단모 유전자들의 분포 여부를 알게 되는데, 이렇게 되면 40두 단모 집단으로 신규 종 형성 시 문제되는 근친 번식의 문제도 비켜갈 수 있는 길이 열릴 것으로 판단된다. 이미 일정 수준 이상으로 커진 삽살개 집단을 활용하여 유전적 근연 관계가 먼 단모견을 빠른 시간 내 만들 수 있음으로 손쉽게 잡종 강세 현상을 도입하여 근친 번식의 해를 희석시킬 수 있다

이들 40두 단모 개체들이 원래 집단인 장모종 삽살개들과 집단 차원에서 차이를 보이는 이유는 founder effect에 의한 우연적 요소가 작용한 것으로 보인다. 하지만 이 집단을 잘 활용하여 단모 계통을 구축해

나간다면 유전적 소질이 더 좋은 토종개 한 품종을 빠른 시간 내 육종할 수 있을 것이다. 이미 우수한 시조견을 선발하여 근친 번식 단계에 들어갔는데, 위의 개들이 고려개의 대표 종견인 평탄(누렁이)이와 차누(네눈박이 검둥이)이다. 평탄이와 차누는 사람을 좋아하며 점잖고 훈련 능력면에서는 평균치 레트리버를 능가하는 좋은 자질을 가지고 있는 수려한 모습의 토종개이다.

현재 40여 두 생존해 있는 단모 계통을 고려개라는 이름으로 품종 정립한다면 근거가 확실한 민속학적 배경을 지닌 대표 토종개로 자리 잡을 수 있을 것 같다. 삽살개에 비해 털 관리는 용이하나 성품적 기질적 장점들을 모두 갖춘 좋은 반려견인 고려개가 한국 대표 토종개가 될 수 있는 이유는 다음과 같다.

첫째, 단모 삽살개는 타 천연기념물 토종개들과 형태와 성품에 있어서 확실히 차별화되며, 분명한 색깔의 문화적 의미가 있는 우리 토종개이다.

둘째, 단모 삽살개는 20대 조상에 이를 정도로 잘 정리된 삽살개 가계도와 연결되어 있고, SNP(Single Nucleotide Polymorphism) Genotyping이나 초위성체 분석 같은 분자유전학적 기법으로 확인하여 본 바 혈통의 근거가 확실한 우리 개다.

셋째, 학술적 노력으로 집단 내 혈통의 특징과 외형 및 성품 특징에 대한 충분한 연구가 되어있는 토종개이다.

넷째, 우수한 품종의 개로 육종할 수 있는 양질의 Founder 집단의 확보가 이루어진 개이다.

다섯째, 단모 삽살개는 세계적으로 인정받고 있는 다수의 외국 견종들에서 볼 수 있는 단일 품종 내 장·단모 현상이 토종개에서 관찰된 최초의 경우이다. 표현 형질 차이에 대한 혈통 관리만 잘한다면 국제적으로 공인 받을 수 있는 장·단모 두 종류의 토종개 품종 분리가 가능하다.

4) 장·단모 혈통 고정에 의한 품종 분리의 외국 사례들

서양 견종들에서도 단일 조상으로부터 나온 장·단모 개체들을 구분하여 육종한 경우가 많은데, 벨기엔 쉐파드의 경우 약 100여 년 전 벨기에의 수의학 교수 라울에 의해 원종집단에 대한 연구와 육종이 시작될

Belgian Shepherd Dog: Groenendael, Tervueren

Belgian Shepherd Dog: Malinois, Laekenois

한국의 개: 토종개에 대한 불편한 진실

단계에서는 단일종이었으나 모색과 모질에 따라 이후 4종류의 변이종
이 생겨났다. 마리노이스만 단모이고 라케노이스 등 나머지 세 변종 모
두 장모종인데, 현재 각 종류에 대해 FCI를 위시하여 세계 대부분의 견
종 단체에서 독립 품종으로 인정해 주고 있다.

Collie (Rough)

Collie (Smooth)

Dachshund(Miniature Long-haired)

Dachshund(Miniature Smooth)

털 길이의 차이 외에는 성품이나 외적 형태 특징, 유전자 구성 등 거
의 모든 것이 장·단모 간에 동일한 것으로 알려진 닥스 하운드, 콜리 경
우에도 여러 견종 단체에서 장·단모를 구분하여 독립적 품종으로 인정
하고 있다.

3부

이름을
얻지 못한
토종개들

한국의 개

토종개에 대한 불편한 진실

1. 불개

경북 영주 지역에 서식하던 눈·코·발톱이 붉은 토종개가 있었는데, 해당 지역에서는 이러한 개를 불개라 불렀다고 한다. 민속학적 문헌이나 고증자료는 없으나 약개라고 해서 약용으로 쓰이면서 근대에 들어 멸종된 것으로 알려졌다. 소백산 늑대와의 교잡에 의해 태어났다는 풍문도 있었다고 하나 사실이 아니며, 멜라닌 색소가 결핍된 돌연변이 개들이 그 지역에 옛부터 많이 있었던 것 같다.

개나 소의 경우 털 색깔은 검은 멜라닌 색소인 유 멜라닌과 붉은 색소인 페오 멜라닌에 의해 주로 결정된다. 검은 멜라닌 생성 유전자인 B 유전자에 돌연변이가 일어나 유 멜라닌이 만들어지지 않게 되면, 불개처럼 붉은 멜라닌만 남아 붉은 색을 띄게 된다. 만일 두 가지 색소를 동시에 못 만들게 하는 돌연변이가 C 유전자에 일어나게 되면 백색의 알비노가 되기도 한다. 이처럼 현대 생물학은 불개의 원인 유전자까지 알고 있지만, 당시 지역에 살던 선조들의 눈에는 붉은 빛 띤 개들이 약에 쓰일 만큼 이상하게 보였던 것이다.

영주 동양대학의 모교수가 지역에서 전해 내려오는 이야기를 근거로 불개를 수집하여 70여 두까지 보존하면서 혈통 고정을 시도했으나 여건적인 어려움으로 인해 지속적인 혈통 개량을 하지 못한 것으로 알려져 있다. 색소 유무를 떠나 영주 지역의 토종개가 살아남아 잘 보존될 수만 있었어도 토종개 연구와 보존에 나름의 기여를 할 수 있었을 텐데 아쉬운 감이 든다.

2. 거제개

1971년 거제 대교가 놓이기 전까지만 해도 순수 혈통이 상당히 유지되어 왔다는 거제개는, 우수한 사냥개로서 사냥꾼들 사이에서 꽤 알려졌다고 한다. 다른 사냥개들과는 달리 가축과 야생 짐승에 대한 분별력이 뛰어날 뿐만 아니라 평소에는 온순하지만 사냥에 나설 때는 목표물을 끝까지 추적하는 지구력이 뛰어나며 민첩성과 용맹성도 진돗개나 풍산개에 뒤지지 않는 것으로 알려져 있다.

최근에는 외지 개와의 교잡에 의해 거의 잡종화가 되었다고 하지만 1990년대 초만 해도 둔덕, 남부면 일부 지역에 옛 모습을 지닌 거제개가 극소수 남아 있었다고 한다. 1992년과 1993년에 걸쳐 몇몇 거제 현지인들이 거제견 보존육성회를 결성하여 거제개 탐색 작업을 하였으며 10두 미만의 개를 찾아내어 한때 보존하기도 하였다.

1993년에 육성회 임원 몇 명이 경북대학교에 찾아와서 거제개 보존을 위한 조언을 구해서 당시 거제군 군의회에 추천서를 써준 적이 있다. 보존의 필요성과 군 차원에서의 지원을 당부했었는데 군 의회에서 지원 기각 결정을 내림으로 인해 사업이 중단되어 버렸다. 이러한 민간에 의한 자발적 보존 노력들이 지속적인 보존사업으로 연결되지 못하고 중도 포기하게 된 것은 안타까운 일이다.

거제견 보존육성회의 초청으로 거제도를 방문했을 때, 남부면에서 구한 몇 마리 거제개를 둘러보고 찍은 사진을 아래에 제시하였다.

거제개

3. 오수개

고려 때 최자가 쓴『보한집』에 주인 구한 충견에 대한 이야기가 있다. 임실군 둔남면 오수리(당시 거령현, 현 지산면 영천리)에 살던 김개인이란 사람이 술에 취해 풀밭에 쓰러져 있는 것을 따라다니던 개가 몸에 물을 묻혀서 주변의 불을 끄고는 죽었다고 한다. 주인이 후에 개가 자기 목숨을 구해준 것을 알고 고맙게 여겨 정중히 묻어주면서 무덤 주변에 사용하던 지팡이를 꽂아두었는데, 나중에 이 지팡이에서 싹이 나고 줄기가 자라 큰 나무로 성장했다 해서 오수라는 이름이 생겼다고 한다.

천년이 지난 지금, 임실군 오수리에서는 당시의 명견을 기리기 위해 오수 의견 문화제를 매년 열고 있으며 오수개 복원사업도 추진하고 있다. 임실 오수견 연구위원회에서 제시한 오수개의 모습도 제시되어 있고, 민관이 합심하여 지속적으로 사업을 추진해 오고 있는 것으로 알

오수개 복원도

그림으로 재현된 충견
주인을 위기에서 구하고 죽었다는 전북 임실군 「오수의 충견」이
동양화가 조용진교수(서울교대)에 의해 그림으로 재현됐다.

고 있다. 몸에 물을 묻혀서 불을 끄기 위해서는 장모종이었을 것이며, 덩치도 진돗개보다는 조금 큰 중형견은 되어야 했을 것이다. 우리 토종 개의 전형적인 모양을 갖추었을 것이란 가정하에 얻어진 오수개의 복원 도는 겉으로는 순해 보이지만, 기백도 있어 보이는 개를 그려내고 있다.

그런데 여러 해 전에 임실을 방문하여 일반인들에게 잘 공개하지 않는 다는, 천막으로 가려놓은 오수개 사육장을 방문해 그동안 복원했다는 오수개를 본 적이 있다. 눈을 의심할 수밖에 없는 상황 앞에 대경 실색 하고 돌아왔는데, 크고 잘 생긴 티벳 마스티프(Mastiff)들이 수도 없이 많이 있었다. 사육사 말이 이 개들이 오수개라는 것이었다.

토종 오수개를 복원한다면서 티벳 마스티프를 대량 사육하고 있는 상 황을 도대체 누가 납득할 수 있겠는가. 마치 미스 춘향을 뽑는 자리에서 우간다 흑인 아가씨를 세워놓고, 춘향이가 흑인이었다고 주장하는 것 보다 더 우스꽝스런 일이 지난 십수 년간 오수개 복원사업에서 일어난 것이다. 아마도 개 품종이 어떻게 만들어지는지, 육종이 무엇인지에 대 한 최소한의 상식도, 일견식도 없는 사람이 복원사업의 책임자 역할을 맡았기 때문에 일어난 일이 아닌가 생각된다.

4부

한·중·일
애견문화 비교

한국의 개

토종개에 대한 불편한 진실

1. 한·중·일 개의 유래와 의미

개의 조상이 늑대라는 데는 이견의 여지가 없으나 어느 지역의 늑대가 개의 직접적인 조상인지에 대해서는 학자들 간에 논란이 있어 왔다. 고고학적인 증거만으로 볼 때는 약 일만 삼천 년 전 중동에서 시리아 늑대로부터 개의 가축화가 시작된 것으로 추정되었으나, 최근 유전자 분석 결과에 의하면 중국 늑대가 세계 모든 개들의 조상이며 가축화의 시기도 훨씬 오래된 것으로 밝혀졌다. 체구가 비교적 작은 중국 늑대로부터 약 10만 년쯤 전에 개 조상의 종 분리가 일어났고, 아시아 지역에 인류가 들어오는 때에 맞추어서 인간의 서식지 근방을 배회하면서 서서히 인간에 대한 두려움을 극복하고 개가 된 것이 아닌가 생각된다. 한 번 인간의 생활 영역 안으로 들어온 중국 늑대들이 개가 된 후, 그 유용성으로 인해 인간 종족이 사는 모든 곳으로 전파되어 널리 길러지게 된 것이다.

비록 개의 가축화는 중국에서 시작되었지만 예술품이나 문헌에 등장하는 최초 개의 모습은 고대문명의 발상지인 중동 지역이나 이집트의 벽화에서 주로 볼 수 있다. 3천 년 전 아시리아 수도 니네베(Nineveh)의 테라코타 유물에서 현존하는 싸움개인 마스티프(Mastiff) 닮은 개들이 군인들과 함께 싸움터에 등장하는 것을 볼 수 있다. 서양 사람들이 목양견이나 특수한 용도의 사냥개들을 오래전부터 육종하여 다양한 용도로 사용한 것과는 달리 동양에서는 역사 기간 동안 개를 그처럼 다양한 용도로 활용한 것 같지는 않다. 다만 고대 중국의 황실에서 소형 애완견을 소중하게 기르며 애완했다는 내용의 기록들은 있다고 한다.

고대 동양인의 삶에서 개가 차지하는 비중이 서양에 비해 상대적으로 폭넓지 않았던 것은 사실이나, 2천 년 전 한국의 고분 출토 유물이나 벽화로 판단하건대, 고대 한반도에서 살았던 개들은 지금보다는 훨씬 대우받으면서 살았었다는 추측을 하게 만든다. 삼천포 늑도에서 출토된 7구의 개 전신 유골은 생전의 주인 시신 주변에 배치되어 순장된 형태로 발견되었다. 주인의 저승길 여행의 동반자이면서 안내자로서 예우를 갖추어서 장사되었던 것이다. 고구려 각저총(角抵塚)고분에 등장하는 진돗개 닮은 누렁이는 멋있는 목걸이를 두르고 눈빛도 선명하게 고분의 주인을 지키고 있다. 사악한 기운을 쫓는 고분 지킴이로 인정받은 것을 볼 때 당시 개의 위상이 지금 같지는 않았다는 것을 알 수 있다.

토양 성분이 산성이 아닌 일본에서는 동물 유골 같은 자연 유물들의 보존이 보다 용이하여 약 팔천 년 전의 즐문무늬 토기들과 함께 오래된 개 두개골들이 종종 출토되기도 한다. 개 두개골의 모양으로 볼 때 동남아 지역의 개들과 혈연적 연관이 있는 것으로 추측되며 당시 개를 식용으로 다룬 흔적은 찾아볼 수 없으며 소중하게 관리되었다는 인상들을 남기고 있다고 한다.

개를 함부로 다루지 않는 일본 사람들의 오랜 관행을 살펴볼 수 있는 또 다른 예로 고마이누(狛犬)를 들 수 있다. 일본의 이름 있는 신사나

왕궁의 대문에는 의례히 고마이누 석상이나 목상이 자리하고 있는데, 삼한시대 한국에서 온 악귀 쫓는 영수(靈獸)가 바로 고마이누라고 한다. 이러한 조각상들은 우리나라 다보탑에 있는 사자상과 흡사한 모습을 하고 있는데, 한국의 삽살개가 바로 고마이누의 모델이라는 주장도 있으나 해태의 일본 버전이라고 보는 것이 옳은 견해일 것이다.

본격적인 농경생활이 시작되기 이전의 고대 동양 삼국에서의 개에 대한 인식은 지금 우리가 느끼는 개에 대한 인식과 상당한 차이가 있었던 것 같다. 집 한 쪽 구석에 묶여 평생을 노예처럼 지내면서 주는 밥이나 꼬리치며 얻어먹고 비굴하게 살아가는 개가 아니라 왕궁이나 고분을 지키는 당당하고 신령스런 동물이 바로 개였던 것이다.

2. 한·중·일 개의 가축으로서의 역사

동물 중에서 가장 먼저 가축화되어 인간의 생활 영역 안으로 들어오게 된 개는 여러 가지 유용한 용도를 지닌다. 어둠을 지키는 개, 외적의 침입을 미리 알아내어 쫓아주는 번견으로서의 용도는 어쩌면 농업혁명 이전부터 가장 소중하게 활용되었을 것이다. 이제는 높은 담벼락과 경찰이 있는 사회제도, 경보기가 개인의 재산을 지켜주지만 별다른 보호장치가 없던 떠돌이 고대사회에서는 그만큼 개의 역할이 컸을 것이다. 번견으로서의 개의 가치만으로도 전 세계적으로 모든 인간 종족이 개를 기르게 된 동기가 되었던 것이다.

그러나 논농사가 주산업이 되고 유동 인구가 적은 촌락 형태가 정착되면서 한·중·일 공통으로 집지키는 개의 가치는 상당 수준 절하되었다고 볼 수 있다. 어쩌다 집을 지켜주어서 좋기도 하지만, 필요에 따라서는 잡아먹을 수도 있는 비상식량으로도 괜찮은 것이 개였던 것이다. 과거 이천 년 동안 비천한 개의 이미지가 만들어진 이유 중 하나를 여기서 찾을 수 있을 것이다.

다음으로 중요한 개의 용도는 목양견으로서의 역할이었던 것 같다. 방목하는 가축을 곰이나 늑대 같은 야생동물로부터 지켜주거나 목자를 도와 양떼를 몰아준다거나 하는 개의 역할이 유목민들에게는 필수

불가결한 일이었다. 그래서 개를 대하는 방식에 있어서도 논농사가 주업인 동양과 오랜 유목의 전통이 있는 서양인들 사이에 현격한 차이가 있음을 쉽게 알 수 있다. 유목민들에게는 가족의 일원으로 대접받지만 농민들에게는 때때로 비상식량도 될 수 있는 한낱 고기 덩어리에 불과한 것이 개인 것이다.

중국의 챠우 챠우(Chow-Chow)는 혓바닥이 검은 독특한 스피츠(Spitz) 계열의 개인데 고래로부터 고기용 개로서 번식되었다고 한다. 이에 반해 유목민인 몽고족들이 키우는 타이가(Taiga)나 몽골(Mongol)같이 크고 날렵한 개는 유목 용도에 적합하며 결코 잡아먹거나 천시하는 개가 아닌 것이다.

세 번째 주요한 개의 용도는 사냥 수단으로의 중요성을 들 수 있다. 동서양을 막론하고 다양한 형태의 사냥에 개가 활용되었는데 생계 수단으로보다는 여흥과 취미 차원의 스포츠형 사냥이 대부분이었다. 개를 동원한 스포츠형 사냥에 있어서도 동서양은 현격한 차이가 있었으나 같은 유교문화권에 속한 논농사 위주의 한·중·일 삼국은 대체로 비슷한 모습을 보였는데, 서양에서 흔히 보는 귀족들에 의한 대규모 개를 동원한 사냥 행사는 한·중·일 어느 나라에서도 행해진 적이 없었던 것 같다.

서양에서는 수많은 전문 사냥개들을 용도별로 육종해내었지만 동양 토종개 중에는 진돗개나 북해도견처럼 천부적으로 사냥 능력이 뛰어난 개들도 있지만 이러한 능력을 개발해서 특수용도의 사냥개로 품종을 고정한 예는 거의 없다. 역사의 전 기간을 통해 한·중·일 지배층의 어느 누구도 개를 활용한 사냥에 그다지 관심이 없었음을 보여주는 증거일 것이다.

3. 한·중·일 개의 종류와 형태

1) 한국의 토종개

아시아 토종개들에 대한 유전자 비교 분석을 해보면 한국의 개들은 북방견인 몽고, 시베리아 개들과 혈연적 연관이 깊은 것으로 나타난다. 이는 북방 유목민들과 함께 남하한 개들이 우리 개들의 선조라는 직접적인 증거가 된다. 처음에는 중대형의 유목민 개가 반도에 유입되었으나 논농사 위주의 환경이 조성되면서 다소 소형화되어 지금의 진돗개나 삽살개 크기로 되었을 것이다.

간혹 조공무역의 영향으로 중국 지배층에서 애호하던 소형 애완견들이 수입되어 서울 장안의 권문세가에서도 이들을 길렀던 것 같다. 조선 화가 오원 장승업(吾園 張承業)의 그림에 자주 등장하는 페키니스(Pekingese) 닮은 발발이 같은 개들과 혜원 신윤복(蕙園 申潤福)의 그림에 나오는 주둥이가 뾰족한 작은 개들은 중국 혈통의 애완견들과 어떤 형태로든 연관이 있었던 것 같다.

이미 이 땅에 살고 있던 선주민들과 새로 유입된 유민들이 시간이 지나면서 자연스럽게 융화되어 하나의 유전자 풀(Pool)을 형성하여 단일 민족이 되었듯이 여러 번에 걸쳐 몽고와 중국으로부터 유입되어 들어온 개들도 시간이 지나면서 하나의 유전자 풀을 형성하게 되고 한반도 토종개로서 자리를 잡게 되었을 것이다. 이 개들은 자연스럽게 사계절이 뚜렷한 우리나라 기후 풍토에 길들여지게 되었는데, 약한 개들은 자연히 도태되어 그 수가 줄어들게 되고 질병에 강하고 생존 능력이 뛰어난 개들만이 살아남게 된 것이다.

그러나 자연에 의한 도태는 이루어졌으나 개를 용도 혹은 모양과 특정 성격에 따라 하나의 품종으로 고정해낸다든지 개량해보는 일, 즉 인위적 도태와 선발은 근대 이전에는 누구에 의해서도 시도된 적이 없었다. 막연히 모양이 좀 특징적인 개에 대해서 사용하던 몇 개의 이름만이 기록으로 전해지는 것을 보더라도 근대에 이르기까지 품종으로 개를 구분한다는 생각은 하지 못했던 것 같다.

기록된 근거는 없지만 떠도는 소문으로 특정 지역에 좋은 사냥개가 있다느니 해서 명견에 대한 전설적인 이야기들만 있었는데, 호랑이 잡는 풍산개나 주인에게 충직한 해남개 또는 우수한 거제 사냥개에 대한 이야기들이 그 예가 될 수 있다. 비록 당시에는 그 지역의 개 집단을 지칭한 것은 아니었다 하더라도 지역 특산종으로서 해남개나 거제개가 보존되고 육종되었더라면 하는 아쉬움이 남는다.

그러나 수천 년 동안 유지되어 오던 우리 토종개들의 모양과 유전자 구성이 크게 바뀐 것은 일제강점기와 해방 후 서양 문물의 급격한 도입기 동안이었다. 우리 토종개들을 수탈해 갈 하나의 자원으로 보고 대규모 도살을 감행한 조선총독부의 정책으로 인해 대부분의 중·대형 개들이 거의 전멸 지경에 이르게 되었으며, 마침내는 우리 개에 대한 인식조차 바뀌어 토종개라면 진돗개처럼 귀가 서고 주둥이가 뾰족한 단모종 개라고 생각하게 된 것이다.

일제강점의 혼란기를 지나 세 가지 종류의 개가 이제 한국의 대표적 토종개로 공식 인정받게 되었는데, 진도의 진돗개, 경산의 삽살개, 경주의 동경이이다. 진돗개는 일본의 기주견(Kishu dog)을 닮았다는 이유로 1938년 조선총독부에 의해 천연기념물 제53호로 지정되어 보호받아 왔는데, 최근에는 영국 애견협회로부터 국제공인도 받았다.

우리 개의 진정한 대표라 할 수 있는 액운 쫓는 삽살개는 일제강점기 동안 거의 멸종 위기에까지 갔으나 해방 후 경북대학교 교수들의 보존 노력에 힘입어 이제는 원형이 거의 재현되었다. 우리 정부에 의해 1992년에 천연기념물 제368호로 지정받게 되었고, 현재는 세계적인 명견들과 경쟁할 만한 기반 구축을 위해 다양한 노력들이 펼쳐지고 있다. 여기에 보태어 최근에는 경주의 동경이가 공식적인 우리 개 반열에 오르는 쾌거를 이루기도 했다.

2) 중국의 토종개

중국은 워낙 땅이 넓고 그 역사가 장구하여 어떠한 개라도 그 땅 어디에서든 찾아볼 수 있다. 그러나 동서양을 막론한 모든 형태의 개가 중국에 있지만 중국 사람에 의해 현대적 의미의 육종 기술이 적용되어 만들어진 중국 개는 그리 많지 않다.

품종이 고정되어 국제적으로 인정받는 많지 않은 중국 유래의 견종 중 하나는 지배층의 애완견으로 수천 년 동안 유지되어 왔다는 페키니스(Pekingese)이다. 당나라 현종시대에는 금사구(金獅狗)로 지칭되기도 한 스피츠 계열의 소형견인데, 고대 중국인들에 의해 혈통이 유지되어 오다가 아편전쟁 당시 영국 군인들에 의해 영국으로 건너가서 오늘날의 페키니스 견종이 되었다. 몸에 비해 두상이 크고 온몸이 긴 털로

PUG

SHIH TZU

PEKINGESE

CHOW CHOW

SHAR PEI

CHINESE CRESTED DOG

덥힌 이 개는 독특한 품성과 동양적 아름다움을 지닌 화초 같은 개로 알려져 있다. 비슷하게 생긴 다른 중국의 소형 애완견으로는 17세기 티벳의 조공품으로부터 유래되었다는 시츄(Shih-Tzu)가 있다. 이들 소형 애완견들의 존재는 중국 귀족사회의 사치스런 애견 취미의 일면을 보여준다.

중형견으로는 챠우 챠우가 있는데 마치 곰 인형을 보는 것같이 독특한 외모를 지니고 있다. 중국에서 흔하게 있는 스피츠 계열의 개에 마스티프 혈통이 혼입되어 아기 곰 같은 인상을 가진 이 개가 생겨났다는 설이 있다. 혀가 검푸른 색깔을 띠는 것이 특징이며 고대 중국에서는 고기용으로 번식·유지되었다는 이야기도 전해진다.

세계 어디서도 찾아볼 수 없는 중국만의 특이종으로 샤페이(Shar-Pei)라는 개가 있다. 눈과 귀는 작고 얼굴이 쭈굴쭈굴하며 피부는 마치 억센 모래 연마용 종이껍질처럼 거친 개로 한왕조 이후 남중국 지역에서 주로 서식해 왔다고 한다. 원래는 투견용으로 키우던 개로 생각되나 번견이나 사냥개로도 활용되었다고 하는데 챠우 챠우와 마찬가지로 검푸른 혀를 가지고 있다.

챠이니스 헤어리스 크레스티드독(Chinese Hairless Crested Dog)이란 개 역시 특이한 개이다. 이 개는 얼굴 상단부만 제외하고는 온몸에 마치 사람처럼 털이 없는 개이다. 13세기의 기록에 언급되어 있다는 이 개는 생김새의 특이성으로 인해 애완용으로 유지되어 오던 개 중 하나로 생각된다. 중국에는 이처럼 특이한 개들이 많았으며 이들 중 일부가 혈통이 유지되어 세계적인 품종으로 남게 되었다. 그러나 공산주의가 지배하던 기간 동안 많은 토종개들이 사라지면서 종의 다양성이 상당 부분 소실되어 버린 것으로 알려져 있다.

3) 일본의 토종개

일본 학자들의 연구에 의해 밝혀진 바에 의하면 일본개의 원류는 약 일만 년 전 대만과 오끼나와를 거쳐 해상로를 타고 올라온 남방 유래라고 한다. 이들이 이후 고분시대에 이르러 한반도에서 들어온 대규모 도래인의 개, 즉 북방견들과 섞이게 되어 현재의 일본개가 되었다고 한다. 이후 17세기경에는 한국과의 문물 교류를 통해 소형 애완견이 전해지기도 했다는데, 주둥이가 납작하고 눈알이 튀어나오듯이 독특하게 생긴 일본 찐(Japanese Chin)이라는 개가 이때 만들어졌다고 한다.

일본은 예로부터 장인정신이 살아있으며 경험에 의한 육종 전통이 있었다. 독특한 모습을 지닌 동물들을 어렵사리 육종하여 대를 이어 지킨 예가 많이 있는데, 비단잉어를 다양한 변종을 유지하며 키운다든지, 꼬리 긴 닭(張尾鷄)을 육종하여 독특한 애완종으로 개발하기도 했다. 장

미계는 특히 우리나라에서 전해주었으나 원산지에서는 완전히 멸종되어 기록으로만 남아 있으나 일본에서는 처음 5자 꼬리가 10자로 늘어난 닭을 육종해내었다.

이러하듯 일본은 오래 전부터 다양한 동물을 육종하거나 변형·유지하는 기술이 있었는데, 개 분야에서도 일찍부터 능력을 발휘하여 여러 품종을 만들거나 복원해내는 일들을 게을리하지 않았다. 도사 지역에서는 지역 투견용 토종개를 서양의 대형 싸움개들과 교잡시켜 일본의 대표적 투견인 도사(Tosa)견을 만들어내었으며, 소형 애완견으로는 찐 이외에도 일본 스피츠(Japanese Spitz)와 일본 스파니엘(Japanese Spaniel)이라는 품종을 육종했다.

KAI   KISHU   AKIDA

JAPANESE CHIN   JAPANESE SPITZ   SHIBA

특히 1930년대에 와서는 여러 지역 특산종 개들을 보호하기 시작했는데 아끼다(Akita)견을 필두로 시바(Shiba)견, 기주(Kishu)견, 갑배견 등의 보호회를 조직하였으며 정부에서는 천연기념물 지정을 해주었다. 일본은 지역 토종개의 혈통을 조직적으로 관리하여 세계 기준에 맞는 품종으로 키워내었을 뿐만 아니라 적절한 마케팅을 통해 일본개의 세계적 홍보에도 성공하고 있다. 아끼다견 같은 개는 세계적 인기 견종이 되었으며 이 같은 노력으로 인해 일본은 애견 문화와 산업 분야에서 세계적인 수준에 있다고 해도 과언이 아닌 것이다.

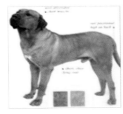
TOSA

JAPANESE TERRIER

AINU

4. 토종개 형성에 영향을 미친 북방개들

한국개의 본질에 대해 좀 더 깊은 이해를 하기 위해서는 북방 유래인 한국개와 혈연적 연관이 있는 것으로 밝혀진 북방개들의 대강에 대해 살펴보는 것이 필요할 것이다. 이 개들은 독립된 품종으로 인정받기에는 부족한 점이 있지만 그 지역 개로서 나름대로 용도와 형태적 특징을 유지하고 있다.

1) 몽고개

몽고개는 몸 크기, 체형, 모색과 모질에 따라 세 종류로 나뉘는데, 모두가 대형 번견이며 사냥개로도 활용된다. 가장 체격이 큰 몽골(Mongol)은 수컷 평균키가 64.7cm이며 체중은 60~70kg 정도 나가는데, 조사된 개체 중 85.3%가 블랙탄(black and tan)이며 나머지 14.7%가 가슴과 발끝 부분만 흰색이 있고 온몸은 검은색 개였다. 장모종인 몽골은 늑대나 도둑으로부터 가축을 지키는 것이 주 임무이다.

하운드(Hound)는 몽고 사냥개를 말하는데 이 개의 주 임무 역시 가축 지키는 것이며 때때로 사냥 용도에도 쓰인다. 키는 몽골과 대동소이하지만(수컷 평균키 64.8cm), 체중은 조금 가벼워 50~60kg 정도이다. 단모이지만 모색은 다양하다. 조사된 개체 중 블랙탄이 21.7%, 가습과 발끝에 흰색 반점이 있으나 온몸은 검은 개가 역시 21.7%, 흰색개가 21.7%, 늑대색 개가 13%, 황구가 10.9%, 호반색 개가 10.9%였다.

세 번째 개가 숲을 의미하는 몽고어인 타이가(Taiga)인데 단모이며 수컷 평균키가 62.4cm, 체중은 40~50kg 정도 나가는 개이다. 색깔은 몽골과 거의 대동소이하여 검은색이 주종을 이루지만 블랙탄이 더 많은 몽골과는 달리 전체 흑색개가 좀 더 많은 것이 다르다.

몽고개들의 형태 특징은 세 종류 모두 귀가 쳐지고, 꼬리 또한 쳐졌으며 설반이 없으며 뒷발에 랑조가 없다. 지역에 따라 분포가 조금 다른데 울란바타르, 쟈마르, 룬 지역에는 몽골과 타이가를 주로 기르나 쟈칼트란 지역에서는 몽골, 타이가, 하운드와 함께 타이가와 몽골 교잡 계통까지 기르는 것으로 확인되었다.

〈몽고개의 종류〉

몽골

하운드

타이가

혈통적으로는 몽고 늑대와 가장 가까우나 한국 토종개와도 혈연적인 연관이 있는 것으로 밝혀진 몽고개들은 아마도 중대형 한국 개 형성에 어느 정도 기여한 것으로 사료된다. 특히 장모종 몽골은 모색과 귀 모양, 꼬리 모양 등에 있어서 청삽살개와 유사성이 있는 것 같다.

2) 에스키모개

아메리칸 켄넬 크럽(AKC)에서는 에스키모개를 단일한 순수 견종으로 공인하지 않고 있다. 다만 그린랜드에 서식하는 에스키모개를 그린랜드개로 인정하고 있는데, 에스키모인이 마지막으로 정착한 후 그린랜드개는 다른 개와의 교잡이 비교적 적은 것으로 인정되기 때문이다. 키는 60cm 정도이며 체중은 40~60kg에 이를 정도로 상당히 대형인 이 개들은 귀는 서고 모색은 다양한 것으로 알려져 있다.

에스키모개

독립적인 생활에 익숙하며, 용이하게 집단을 이룸으로 공동 작업에는 적당하여 썰매용 개로서는 좋으나 집에서 기르거나 번견으로서는 좋은 개가 아닌 것으로 알려져 있다. 혈액 단백질 다형 연구에 의하면 헤모글로빈 -a(Hb-a)형과 북방견의 특색을 나타내는 Ptf-a 유전자의 빈도가 높은 것으로 나타나 있는데, 한국 개들의 혈액 특성과 상당히 유사한 것으로 알려져 있다.

3) 사할린개

북사할린 재래견들도 대체로 대형견들이 많은데 보통 40~60kg 정도의 체중이 나가며 에스키모개들처럼 모색 또한 다양하다. 블랙탄이 가장 흔한 색이며(28.8%), 흑색과 흑색 무늬가 각각 15.4%, 흑백 무늬 역시 15.4%, 적색과 백색 또한 각각 11.5% 정도 된다. 귀는 선 귀와 반 선

사할린개

귀, 누운 귀의 개가 고루 섞여 있으며 꼬리 역시 말린 꼬리, 선 꼬리, 쳐진 꼬리의 개가 모두 있다.

혈액 단백질 다형 빈도 조사에 의하면 에스키모개들처럼 북방견의 특징을 잘 간직하고 있는 것으로 드러나 있는데, 역시 진돗개나 삽살개 같은 한국 토종개들과 흡사한 유전자 구성을 하고 있는 것으로 알려져 있다. 이 개들을 오래 전부터 길러오고 있는 원주민인 니부히족은 아무르강 하구를 통해 사할린으로 건너온 옛 몽고족으로 수렵을 통해 생활해오는 것으로 알려져 있다.

4) 러시아 목양견

오후챠르카(Ovcharka)로 불리는 러시아 목양견에는 세 종류가 있다. 중앙아시아, 코카사스, 남러시아 목양견들인데, 이 중에서 중앙아시아 목양견이 가장 대형에 속한다. 카자흐스탄, 키르기스스탄, 우즈베키스탄 등지에서 널리 길러지고 있는데, 수컷의 체고는 65cm, 암컷은 60cm 이상이 보통이며 체중은 60~80kg에 이른다. 긴 이마에 비해서 주둥이가 비교적 짧고, 목도 짧지만 목의 근육은 잘 발달되어 있어서 외관상 티벳 마스티프(Mastiff)와 혈연적 연관이 있지 않을까 하는 추측을 낳기도 한다. 험한 기후와 풍토에 잘 적응되어 있어서 목양견으로서뿐만 아니라 번견이나 대형 야생동물에 대한 수렵견으로 쓰이는 등

넓은 용도를 가진 개이다. 혈액단백질 다형 연구에 의하면 중국의 페키니스와 유사하고 다른 러시아 목양견들과는 다소 거리가 먼 것으로 밝혀져 있다.

코카사스 목양견은 가장 오래된 목양견 중 하나로서 중앙아시아, 코카사스, 몽골 등지의 목양견과 마스티프의 공동 조상으로부터 유래된

중앙아시아   코카사스
(러시아 목양견)

남러시아 목양견

것으로 추정되고 있다. 현재 소련 전토에서 가장 널리 사육되고 있는데, 중앙아시아 목양견보다는 조금 작다. 쳐진 귀를 가졌고 털은 비교적 장모이며 회색과 적색 털빛의 개가 가장 흔하다. 추위에 강하며 반항성과 공격성이 뛰어나서 험한 환경에서 양떼를 지키는 데 적합한 개다.

남러시아 목양견은 남유럽에서 러시아로 들어온 오스트리아 목양견에서 유래되었다는 주장도 있으나 예전부터 있던 남러시아 목양견에 보르조이와 중앙아시아 목양견의 피가 유입되어 대형화되었다는 설이 설득력이 있다. 역시 대형견이며 백색과 회색이 주된 모색이다.

러시안 목양견에서 흥미로운 사실은 남러시아 목양견은 덩치 큰 삽살개와 거의 흡사하게 생겼는데 색깔이나 모질, 전체 외관이 너무 흡사하여 혈연적 연관이 깊지 않을까 의심될 정도이다. 더 흥미로운 점은 삽살개 집단 중에서 간혹 출현하는 단모 개들의 모습이 코카사스와 중앙아시아 목양견과 비슷하게 생겼는데, 아마도 북방견인 삽살개 혈통 속에는 오랜 옛날 러시아 목양견들과도 혈통적 교감이 있었을 수도 있지 않았을까 상상해본다.

5부

다양한
개의 종류와
새로운
애견문화의 출현

한국의 개
토종개에 대한 불편한 진실

1. 역사 여명기의 개들

기원전 5천 년을 전후해서 개의 유골이 전 세계적으로 여기저기서 발굴되고 있는데 사냥 방식의 변화, 농업 발달에 따른 정착민의 증가와 연관이 있어 보인다. 수렵 채집 방식의 삶이 기원전 7천~5천 년경에 이르러 농업 위주의 방식으로 변모하면서 개의 중요성이 점차 증가했기 때문이다. 개는 이때쯤에 이르러 전 세계적으로 길러지게 된 것 같으며 순전히 경험 지식에 따라 여러 지역에서 다양한 개들이 선발 교잡되기 시작하였다. 모양과 크기가 다양해지게 되었으며 털 색깔도 늑대에게는 없는 색들이 나타나게 되었다. 주둥이와 발목이 흰 누렁이가 길러지기도 했는데, 호주의 딩고·뉴기니의 노래하는 개, 아프리카의 바센지와 파라오개 등의 고대 개들이 이러한 색깔을 띠고 있는 것을 보면, 노란색을 선호한 초기의 선발 효과가 작용했던 것으로 보인다.

　기원전 1천 년 경에 이르면 이집트 벽화나 바빌로니아 예술품에 현대의 마스티프나 그레이하운드 닮은 개가 등장하는데 이때쯤에는 이미 현대 개의 다양한 모습들이 거의 완성된 것으로 보인다. 기원 1세기에 로마의 정치가이며 박물학자인 플리니우스는 개를 여섯 가지 종류로 구분했는데, 집 지키는 개, 목양견, 조렵견, 군견, 후각 사냥개와 시각 사냥개로 나누었다. 로마시대에 이미 개들을 이처럼 다양한 용도로 활용하고 있었던 것이다. 개의 품종 개발 과정에 대해 남겨진 고대 기록

들은 찾아보기 어렵지만 오늘날 우리가 아는 수백 종에 이르는 개들은 그 자체가 오랜 세월에 걸친 인간 노력의 산물인 것이다.

비록 수천 년 전 개의 모습들이 현대 개들과 흡사하고, 용도 또한 다양하게 쓰였지만 개를 품종에 따라 구분한다든지 혈통의 순수성을 따져 순계 교배를 고집하는 일은 극히 최근에 와서야 생겨난 새로운 전통이라 할 수 있다. 서양에서조차 불과 2~3백 년 전까지만 해도 개를 단순히 기능과 모양의 큰 특징에 따라 대충 구분해 왔다. 큰개는 마스티프라 불렀고 땅 밑의 작은 동물들을 사냥하는 개는 모두 테리어였다. 여우 사냥개는 폭스테리어이고, 쉽도그, 포인터, 레트리브 같은 개들이 그들의 기능에 따라 크게 세분되지 않고 길러졌었다.

그러던 것이 약 150년 전에 영국에서 처음으로 도그쇼가 행해지기 시작하면서 개의 혈통을 따진다던지 품종에 대한 생각들을 하게 된 것 같다. 영국 빅토리아 시대에 귀족 간 혈통의 순수성을 따지는 사회적 분위기가 개에게로 옮겨와서 개 혈통을 따지는 새로운 애견문화가 급속히 만들어지게 된 것이다.

말이나 소의 품평회가 자주 열리던 영국에서 애견가들이 모여 처음으로 도그쇼를 시작하면서 차츰 보이기 위한 개, 즉 모양이 좋은 개가 중시되는 시대가 도래하게 되었다. 이로 인해 개의 모양을 규정하는 견종표준이 생기게 되고 그 기준에 따라 순종과 잡종이 구별되어 잡종은 형편없는 개로 인식되어 도그쇼에는 나올 수도 없는 천한 개로 전락하게 된 것이다. 순혈을 따지는 당시 유럽사회의 전반적 분위기와 도그쇼의 새로운 문화가 만나서 과거 일백여 년 동안 서양에서는 애견문화의 새로운 전통이 수립되었다고 보면 크게 틀림이 없을 것 같다.

도그쇼를 기획 진행하는 애견단체들이 이때를 전후해서 생겨나게 되었는데 영국 애견협회가 1873년에 처음으로 런던에서 문을 열었다. 견종 표준을 정하고 혈통서 발행하는 일들을 시작 하게 된 이 단체는 개들의 복지에도 영향을 미치기 시작하는데, 개 훈련사들에 의해 행해지던 잔혹 훈련을 금지시켰으며, 1898년에는 개의 귀를 자르는 관행을 영국에서 항구적으로 금지시켰다. 뒤를 이어 미국 애견협회가 1884년에, 이탈리아 애견협회가 1898년에 각각 설립되면서 새로운 애견가들의 NGO들이 여러 나라에서 출현하게 되었다.

2. 계열에 따른 개의 종류들

1) 스피츠 계열

극동 지역에서 북극에 이르기까지 전 세계적으로 분포되어 있는 개 품종의 기본형 중 하나이다. 유럽 신석기 유적지에서 출토되기도 한 개 유골들이 스피츠 계열 닮은 것을 볼 때 이러한 견해는 타당성을 지니는 것 같다. 다른 개들에 비해 늑대 기본 모습을 가장 많이 닮아 있으며 강한 체격 구성에 적응력이 뛰어나서 다양한 용도의 사역견으로 활용되어 왔다. 특히 성격이 강하고 독립적이어서 눈 많은 지역의 썰매개로 그 중요성을 인정받아 왔다. 스피츠 계열의 현대 품종으로는 사모예드, 엘크 하운드, 챠우 챠우, 시베리안 허스키 등이 있다.

2) 마스티프 계열

3000년 전 바빌로니아 부조에서 병사들과 함께 싸움터에 등장하는 사나운 개가 바로 마스티프 계열의 개로 생각된다. 고대 문명사회에서도 이미 용맹스럽고 고통에 대해 두려움이 없는 대형 개들이 있었는데, 투견이나 맹수 사냥개로서 그 진가를 인정받았다고 한다. 이 개들의 혈통이 로마를 거쳐 서구에 전해져서 여러 대형견 품종들의 형성에 중요한 역할을 했는데 그레이 덴, 복서, 뉴펀들랜드, 세인트 버나드, 마스티프 같은 개들이 이 계열에 속하는 것으로 알려져 있다.

3) 여러 종류의 사냥개

유럽인들이 아직도 돌도끼로 사냥을 하고 있을 때 고대 이집트인들과 수메르인들은 여러 종류의 사냥개들을 만들어내었는데, 현대의 하운드 계통에 속하는 시각 사냥개들이 여기에 속한다. 사지가 길고 날씬한 체형을 소유한 시각 사냥개들은 넓은 공간에서 사냥감을 보면서 달리는 단거리 선수들이다. 현대 품종으로는 사루키, 그레이 하운드, 보르조이, 아프칸 하운드가 이 계열의 개들인데 혈통 형성에 있어서 이들은 고대 품종들로부터 상당한 영향을 받은 것으로 생각된다.

그리스 문명기 동안 그리스인들에 의해 냄새 사냥개들이 육종되어 그 혈통이 오늘날까지 이어져 오고 있는데, 시각 사냥개들과는 그 성품이나 모양에 있어서 큰 차이가 난다. 냄새 사냥개들에게는 속도보다는 지구력이나 후각 능력이 더 중요한 요소가 되며 천천히 움직이면서 냄새를 따라 사냥감을 추적하는 것이 이 계열 개들의 특징이다. 브러드 하운드(Bloodhound), 바셋 하운드, 비글, 오토 하운드 등이 이 계열의 사냥개들이다.

지상에서 활동하는 사냥개 외에 땅속 사냥감을 상대하는 개들도 있다. 테리어라는 말의 라틴어 어원이 흙인데, 땅속 동물을 사냥하는 모든 개들을 테리어라고 불렀다. 테리어 계통의 사냥개들은 거의가 영국 유래인데, 주로 여우굴 속에서 여우를 잡는 독특한 용도의 사냥개들이다. 그 시대 스포츠로서 즐기던 전통에 따라 육종되어 전해진 개들인데 혈통적인 기원은 알려져 있지 않으며 거의가 최근 일이백 년 동안에 만들어진 개 품종들이다. 크기가 비교적 큰 테리아 로는 불 테리어(Bull Terrier), 에어데일 테리어, 케리불루 테리어(Kerry Blue Terrier)가 있는데, 지상동물 사냥용으로 활용되며, 작은 테리아인 스코티시 테리어(Scottish Terrier)는 쥐 같은 작은 설치 동물 사냥에 쓰였다.

사냥총이 발명된 후에는 더 이상 냄새 사냥개나 테리어 같은 개들의 사냥 방식이 좋은 스포츠가 되지 않게 되었다. 그래서 새로운 용도의 개들이 개발되었는데 사냥총 사냥에 도움이 되는 개들이 바로 오늘날 엽견으로 알려져 있는 포인터, 셋터, 스파니엘 같은 개들이다. 포인터는 풀숲에 숨어 있는 사냥감을 발견해서 날려주는 도우미 견이다. 덤불 속의 꿩을 발견하면 숨어 있는 방향을 향해 코와 꼬리를 높이 치켜들고 주인에게 포인터해준다고 해서 붙여진 이름이다. 셋터는 사냥감을 발견하면 포인터와는 다소 다르게, 소리 없이 몸을 웅크려서 주인에게 총 쏠 준비를 시켜주는 개이다. 스파니엘은 풀숲의 목표물을 발견하면 엄청난 속도로 뛰어들어 사냥감을 날려 보냄으로 사냥을 돕는 개이다.

엽총의 사정거리가 점점 좋아져서 멀리 날아가는 물오리도 떨어뜨릴 정도가 되었을 때 도움이 되는 개가 바로 레트리버종이다. 강에 뛰어들어 물오리를 물어다주는 개가 레트리버이기 때문이다. 미국과 영국에서는 사냥감을 날려보내는 개와 물어다주는 개를 각각 데리고 다니면서 사냥하는 데 비해 유럽 사냥꾼들은 한 마리로 두 가지 기능을 모두 할 수 있는 사냥개를 선호하여 개발된 개가 와이마라나 또는 먼스터랜더 같은 견종들이다. 지역과 시대에 따른 인기 스포츠가 무엇인지에 따라 적절한 개의 품종들이 개발되어 활용된 예를 유럽 사냥개들을 살펴봄으로 알 수 있다.

4) 목양견

소나 양이 가축이 되어 길러지게 되면서부터 개는 목축업에서 없어서는 안 되는 소중한 조력자가 되었는데 기민하게 양떼를 몰아주는 일에서부터 사나운 야생동물들의 위협으로부터 가축을 지켜주는 일에 이르기까지 개가 담당해야할 일들은 많았기 때문이다. 지형과 지역의 기후 조건, 기르는 가축의 종류에 따라 다양한 목양견들이 출현하게 되었는데, 프랑스의 브리야드, 헝거리안 풀리, 벨기에의 쉐퍼드 독 등이 대표적 목양견종들이다.

양치기 일은 사회와 격리되어 깊은 산중에서 행해지는 특수임무인 관계로 지역에 따라 크기나 모양, 양치기 능력에 있어서 다양한 개 종류들이 만들어져 왔다. 작은 목양견으로는 쉐트랜드 양치기개가 있는가 하면 중량감 있는 영국의 올드 잉글리쉬 양치기개 같은 중대형 목양견도 있다. 보드 콜리 같은 개는 대단히 영리하며 목양견으로서의 선천적 본능이 뛰어난 품종이다. 보드콜리에 대해 특히 놀라운 일은 동물 행동학자들에 의해 조사된 최근의 연구 결과에 의하면 이 개들은 사람의 단어 200개 이상의 의미를 정확하게 파악하고 있다는 것이 밝혀지기도 했다.

모든 개들 중에서 어쩌면 목양견들이 가장 영리한 개들일 것이라는 추측을 하게 하는데 그들의 지능지수가 어느 정도인지 어쩌면 우리가 상상할 수 없는 정도로 높을 수도 있다는 가정도 해볼 수 있을 것 같다. 늑대는 사냥감을 끝까지 추적하여 잔인하게 죽이는 것이 그들의 본능인 데 반해 목양견들은 추적하고 몰아서 지켜줄 뿐 결코 물거나 죽이는 일이 없다. 상당한 자제력이 있고 타동물들의 움직임을 읽을 줄 아는 고도의 정신 능력을 가진 동물만이 할 수 있는 일을 이들 목양견들은 해내고 있기 때문이다.

어떤 목양견들은 보다 단순한 일을 하는 개들도 있는데 양떼 무리 한가운데 앉아서 외적의 침입에 대해 불침번 서는 종류도 있다. 늑대나 곰 때로는 도둑들을 물리치는 일을 하는데 이런 용도의 개들은 체격이 크고 용감하며 경계심이 강한 개들로 우수한 경비견의 자질을 갖추고 있기만 하면 된다. 대표적인 품종으로 헝가리의 코몬돌을 들 수 있는데 어깨 기준으로 키가 65cm가 넘으며 체중은 50kg 이상 나가는 대형견이다. 온몸을 덮고 있는 길고 억센 털은 겨울에는 좋은 방한복이 되고 여름에는 뛰어난 방서복이 되어 거친 산악지대에서도 잘 적응하게 하며, 다른 동물들과 싸울 때는 좀처럼 상처 입지 않게 하는 갑옷으로서의 역할도 하게 한다. 용맹스런 코몬돌은 북부 중앙유럽의 산악지대에서 만들어진 대단한 목양견이다.

다리가 짧고 기민하며 정력적인 작은 목양견으로 코기(Corgis)라는 개가 있다. 시끄럽고 활동적인 이 개는 가축의 뒷굽을 물면서 소나 말을 모는 특이한 목양견 중 하나이다. 코기가 약 일천 년 전부터 활동했다는 기록이 있으며 비슷하게 특이한 목양견으로 오스트레일리아의 켈피(Kelpie)를 들 수 있다. 오스트레일리아 산악지대의 건조함과 무더위에 아랑곳없이 엄청난 에너지로 일을 하는 켈피는 꽉 짜인 소나 양 무리의 등을 타고 뛰어다니는 그 지역 목축환경에 적합한 특이한 목양견 중 하나이다.

이들 목양견들이 아직도 원산지에서 원래의 용도로 쓰이기도 하지만 어떤 개들은 애완견으로 또는 사역견으로 육종되어 현대 품종으로 거듭난 개들도 많이 있다. 독일 쉐파드 독은 독일 칼스루에 지방의 목양견이었지만 지난 일백 년간의 육종 기간을 거치면서 만능견으로 변모했으며 이제는 전 세계인의 사랑받는 세계적인 개가 되었다.

5) 애완견(Toy dogs)

동서양을 막론하고 애완용 개를 기른 역사는 대단히 오래되었다. 중국 지배층에 의해 애완용으로 길러졌다는 소형 털긴 개들은 중국에서 출현한 최초 고대국가의 등장과 함께 했다고 보면 크게 틀리지 않을 것이다. 당나라 현종에 의해 사랑받았다는 황금 사자개 페키니스, 시츄 같은 개들이 대표적 중국 애완견들인데 티벳 고대국가로부터 조공으로 받아 중국화된 개들로 인식되고 있다. 소형 장모종인 이들 애완견들이 주변 여러 나라의 지배층으로 확산되어 길러졌는데 일본에서 육종된 찐이란 개가 대표적 중국 유래 애완견이다. 우리나라의 경우에도 옛 그림에 자주 등장하는 소형 개들이 있는데, 오원 장승업이 잘 그렸던 페키니스 닮은 개들이 이들 류에 속하는 것으로 생각되나 하나의 독립된 품종으로 살아남지는 못하고 해방 후 서양문물의 도입과 더불어 혈통이 혼잡화되면서 멸종되어 버린 것으로 생각된다.

중국에는 이외에도 단모 애완견인 퍼그, 머리에만 털이 있고 온몸은 무모종인 차이니스 크레스티드 독 같은 희귀 견종들이 아직도 남아 있다.

유럽 애완견의 역사도 중국 못지않게 오래되었음은 말티스를 보면 알 수 있다. 기원전 1500년경에 페니키아 상인들에 의해 근동아시아인 미노르 지역으로부터 지중해 지역인 말타로 전해졌다는 말티스는 로마와 그리스인들에 의해 널리 사랑받으면서 길러졌는데 로마의 예술품이나 민속품 중에 말티스 닮은 개들의 모습이 자주 등장하고 있다. 긴 항해를 하는 선원들 간에 인기 애완견으로 길러지다가 영국의 엘리자베스 1세 치하에는 궁중의 귀부인들에게 크게 사랑받던 견종이 되었다. 작지만 지능지수가 높고 매력적 성격의 견종으로 지금까지 애견인들 간에 큰 인기를 누리고 있다.

영국 빅토리아 여왕 제위 기간 중에 큰 인기리에 길러지던 소형 애완견 포메라니안은 원래 중대형견인 사모예드, 노르웨이 엘크하운드에서 유래되었다. 소형 애완견을 선호하던 18세기 영국사회에서 소형화 육종이 이루어졌고 형태 고정은 미국에서 완성된 개다. 작지만 영리하고 친화성이 있으며 어떤 환경에도 잘 적응하는 포메라니안은 용감한 번견의 역할도 할 수 있는 현대인들이 선호하는 인기 견종 중 하나이다. 이외에도 다양한 서양의 애완견들이 많은데 주로 영국에서 지난 일백여 년 동안 육종된 요크셔 테리아, 킹 찰스 스파니엘 같은 개들이 있는가 하면 18~19세기 프랑스의 귀족층에서 선호하던 빠삐용 같은 프랑스 애완견도 있다.

3. 개의 새로운 용도 발견과 애견문화

개는 인류의 오랜 역사기간을 통해 인간과 가까이 지내면서 참으로 다양한 기여를 해 왔다. 유목민들에게는 유능한 양몰이꾼으로서 또는 늑대나 곰 같은 대형 육식동물들의 위협으로부터 양과 사람을 지켜주는 보호자로서 역할을 해 왔으며, 사람들이 정주하여 도시문명을 이룬 뒤에는 도둑을 지키는 번견으로 그 유용성을 널리 입증케 해주었다. 어느 문명, 어느 민족을 망라해보아도 지구상에서 개를 기르지 않는 종족이 없는 것만 봐도 그동안 개가 얼마나 소중한 인간의 반려동물이었는가를 여실히 증명해주고 있다.

20세기에 들어오면서 개의 용도에 여러 가지 중대한 변화가 생기게 되었다. 전자산업이 발달하면서 집 지키는 일을 개가 아닌 전자 경보기와 폐쇄회로 카메라가 대신한다든지, 군견의 역할을 점점 발달하고 있는 전쟁 로봇이 대신 맡는 시대가 눈앞에 다가오고 있는 것이다. 사역견의 용도 폐기 또한 눈앞에 와 있다고나 할까, 개 근골격 구조와 보행 각도를 따지고 움직임의 효율성이 중요한 심사기준이 되는 대표적 사역견인 쉐퍼드견 전람회 문화가 언제까지 성행할지는 아무도 모르는 일이다. 뿐만 아니라 18~19세기에 한창 유행하던 유럽 상류층의 사냥 취미도 점점 시들해지면서 세심하게 개발해 놓았던 다양한 종류의 사냥개들도 용도 변환이 부득불 이루어지고 있는 것이 시대적 흐름이 아닌가 한다.

그러나 21세기에 들어서면서 개의 새로운 용도들이 개발되어 활용되고 있을 뿐만 아니라 개를 대하는 사고 방식에도 상당한 변화가 있는 것 같다. 두 가지를 언급해볼 수 있는데, 첫째는 아직은 기계가 대신할 수 없는 개만의 특별한 감각 능력을 활용하는 것으로 맹인 안내나 마약 탐지, 때로는 인명 구조에 개가 활용된다는 것이다. 맹인 안내의 경우 맹인의 눈 역할을 개가 대신해주는 것임으로 맹인안내견학교에서 상당히 전문적인 훈련 과정을 거친 개만이 실제 거리에서 맹인을 안내하도록 허락된다. 우리나라에서는 삼성 에버랜드에서 운영하는 맹인안내견학교가 있는데 선진국의 맹인안내견학교로부터 전문 과정과 운영상의 노하우를 습득한 전문가들이 있다.

마약 탐지나 폭발물 탐지에 개가 활용되는 것은 아직까지 개의 후각 능력에 필적할 만한 센스를 갖춘 로봇이 발명되지 못한 것이 그 이유일 것이다. 우리나라의 경우 경찰청에서 운영하는 폭발물 탐지와 마약탐지견학교가 있으며 민간 차원에서는 삼성 에버랜드에서도 마약탐지견을 양성해서 지원해주고 있다. 인명구조견 활동 역시 개의 후각과 청각 능력에 의지하여 무너진 건축 잔해 아래 묻혀 있는 사람을 찾는 행위로 기대할 만한 성과를 거두고 있다. 맹인안내견의 경우 주로 레트리버 계통의 개들이 활용되는데 사람에 대한 경계심이 적고 온순하며 기타 성품적 특징이 이일에 적합한 것으로 알려져 있다.

청도견이라는 개도 있는데 청각장애인의 일상생활을 도와주는 개이다. 훈련만 잘 시키면 초인종이 울리는 소리를 듣고 알려준다든지 어린애가 요람에서 배고파 울고 있을 때 뛰어가서 알려주는 역할쯤은 개들은 잘 수행해내는 것이다. 소형이면서 기민한 개면 품종에 상관없이 활용 가능할 것이다.

두 번째 변화는 최근 들어서 치료 도우미견이란 용어가 심심치 않게 언론지상에 등장하는 것을 볼 수 있다. 개를 통해 치료 효과의 증진을 꽤하는 것으로 주로 자폐증 치료, 정신병 회복의 보조 수단 등에 활용하는 것이 목적인데 선진 여러 나라에서는 활발한 연구가 이루어지고 있다. 애완동물을 기르는 사람과 그렇지 않은 사람을 비교했을 때 여러 가지 병에 걸리는 빈도는 유의성 있는 범위 안에서 상당한 차이가 있다. 애완동물을 기를 경우 기르지 않는 사람에 비해 스트레스에 대한 저항성도 훨씬 크며 보다 건강한 삶을 사는 것으로 밝혀지고 있는 것이다. 이러한 애완동물 효과를 보다 적극적이면서 조직적으로 치료에 활용하는 것이 치료 도우미견 활동인 것이다.

20년 전 국립민속박물관에서의 어린이날 행사를 통해 삽살개의 치료견으로서의 가능성을 발견한 이후 개 훈련사와 자원봉사단으로 구성된 치료견팀이 구성되어 자폐 아동과 성인 정신분열증 환자들을 대상으로 하는 프로그램을 진행하고 있다. 삽살개는 순하고 푸근한 모습으로 인해 대상자들에게 쉽게 다가갈 수 있으며, 중형견이 줄 수 있는 무게감 때문에 치료견으로서의 가치가 훨씬 크다는 것이 확인되었다. 뿐만 아니라 어떤 품종보다 한국인의 정서에 맞으며, 한 걸음 더 나아가 전문 개 훈련사 없이도 치료견 효과를 볼 수 있음으로 인해 특수 교사나 일반인에 의한 프로그램 진행도 가능하다.

특히 삽살개는 체구가 크고 인상 좋은 마스크를 하고 있는 관계로 삽살개와 친근해진 회복기 환우들에게는 마치 사람을 대하는 것 같은 느낌을 갖게 해서 인격적인 교감까지를 끌어내는 효과가 있는 것 같다.

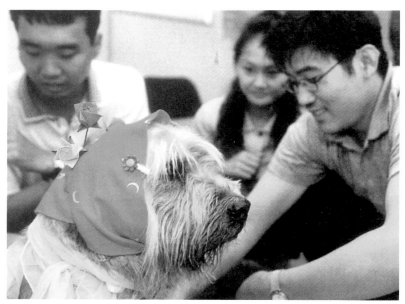

치료견으로 활동 중인 삽살개

동물매개 치료견 프로그램의 대표적인 효과는 대인 관계를 기피하는 사람들에게 심리적 부담을 감소시켜 주며, 조건 없고 지속적인 사랑을 줄 수 있는 개와의 만남을 통해 사회적 교류의 장을 열어준다는 것이다. 외국에서 이미 진행되고 있는 이러한 활동들이 국내에서 그동안 별 관심을 끌지 못했던 우리 토종개들을 매개로해서 보다 활성화되기를 기대해본다.

노인 인구는 증가하면서 형제와 일가친척이 점점 줄어드는 외로운 시대를 살아가야 할 앞으로의 세대에게는 치료 도우미견이라는 용어가 점점 더 친숙한 용어가 되어 언젠가는 일상적인 일이 되어 버릴지도 모르겠다. 이런 맥락에서 볼 때 과거의 애완동물로서 개를 보던 시각이 변해 차츰 반려동물로서 개를 대하는 사람들이 많아지고 마침내는 우리 사회의 텅 빈 공간 하나를 채워주는 중요한 역할을 개가 감당하는 시대가 올 수도 있을 것 같다.

개의 용도는 이처럼 시대에 따라 다양하게 변해 왔음을 볼 수 있는데, 과거 문명의 여명기에 등장했던 전쟁용 개로부터 로마 그리스시대의 애완용 개, 중세 귀족 중심 사회에서 발달한 다양한 사냥 보조용 개들, 그리고 스포츠용 여가선용의 개들, 마침내는 일백여 년 전 영국에서 시작된 도그 쇼로부터 등장한 보여주기 위한 쇼 독에까지 이른다.

그러나 대부분 쇼 독들은 심각한 문제들을 수반하고 있는데, 쇼 독 등장으로 인해 순수혈통을 강조하고 뒷다리의 비절 각도를 중시할 뿐만 아니라 코와 눈의 검정색소의 짙고 옅음을 따져 우수견과 실격견을 구분해내는 백여 년간의 애견문화가 유럽으로부터 퍼져나가 전 세계 개 기르는 사람들의 사고 방식을 점령해 버렸다. 순혈주의를 따지고 귀족 전통을 좋아하던 수백 년 된 사고 습관의 주된 피해자는 혈통 좋은 순종 개들인데, 실제로 서양 사람들에 의해 혈통 고정된 거의 모든 개 품종들에게서 심각한 유전병들이 문제가 되고 있다.

보여 주기용 개를 중시하는 20세기를 뒤로하고 이제 바야흐로 새롭고 건전한 반려견 중심의 애견문화가 확산되는 21세기에 우리는 와 있다. 어떠한 애견문화가 사람과 개에게 두루 좋을 것인가 하는 질문을 던져볼 수 있을 것이다.

최근 빠르게 진전되고 있는 개 염색체 전체에 대한 유전정보 해독과 크리스퍼 유전자 가위 기술의 발전은 순종 개들의 유전병 문제 해결의 실마리를 제공해줄 수도 있을 것 같다. DNA test를 통해 번식에 불리한 개들을 선별하는 기술도 발달해서 순혈은 유지하되 문제점만 해결하는 일이 차츰 현실이 될 수도 있기 때문이다. 바야흐로 새로운 기술과 사고 방식의 변화는 과거와 크게 다른 새로운 반려견 문화의 출현을 재촉할 것이다.

참고문헌

필자의 토종개 관련 발표 논문

1. 삽사리의 가계분석에 사용할 수 있는 DNA probe의 선정, 한국유전학회지, 1991, 13: 255~282.

2. 삽사리의 모색 특징과 혈통에 관한 연구, 한국유전학회지, 1991, 13: 247~254.

3. 한국 진돗개와 삽사리 혈액 단백질의 비교연구(i), 한국 동물학회지, 1992, 35: 98~101.

4. 한국 진돗개와 삽사리 혈액 단백질의 비교연구(ii), 한국 동물학회지, 1992, 35: 102~108.

5. 한국 고유견 삽사리의 보호육성에 관한 연구: 삽사리 보호 육성에 관한 제반 여건 조성, 한국수의공중보건학회지, 1993, 17: 345~350.

6. 미토콘드리아 DNA의 RFLP분석에 의한 삽사리 혈연연구, 한국 토종개들과 삽사리의 혈연 관계 비교, 한국유전학회지, 1995, 17(1): 17~24.

7. 동양견 8품종의 RAPD-Marker에 의한 유연 관계 분석, 한국유전학회지, 1997, 19(2): 143~149.

8. The Complete Nucleotide Sequence of the Domestic Dog(Canis

familiaris) Mitochondrial Genome. Mole.phylo. Evol.1998, 40(2): 210~220.

9. 한국 토종개의 기원에 관한 고찰, 한국축산학회지, 1998, 40(6): 701~710.

10. 한국 토종개 집단의 형태특징과 혈액 단백질, 한국축산학회지, 1998, 40(6): 711~720.

11. Model dependence of the phylogenetic inference: Relationship among Carnivores, Perissodactyls and Cetartiodactyls as inferred from mitochondrial genome sequences. Genes & Genetic Systems, 1999, 74(5): 211~217.

12. 혈액단백질 다형과 Microsatellite loci 분석을 통한 한국 토종개의 기원 고찰, 대한수의사회지, 1999, 35(2): 1~8.

13. 한국 토종개 집단의 유전적 다양성과 구조, 한국축산학회지, 1999, 41(6): 593~604.

14. Genomic analysis and functional expression of canine dopamine D2 receptor, Gene, 2000, 257(1): 99~107.

15. A SINE element in the canine D2 dopamine receptor gene and its chromosomal location, Animal Genetics, 2000, 31(5): 334~335.

16. Suitability of AFLP markers for the study of Genetic relationships among Korean native dogs, Genes Genet. Syst, 2001, 76: 243~250.

17. Genetic Variability in East Asian Dogs Using Microsatellite Loci

Analysis, J., Heredity, 2001, 92: 398~403.

18. Linkage of the locus for canine dewclaw to chromosome 16, Genomics, 2004, 83: 216~224.

19. Novel polymorphism of the canine dopamine receptor D4 gene intron 2 region, Animal Science J, 2005, 76: 81~86.

20. Effects of conditioned medium of mouse embryonic fibroblasts produced from EC-SOD transgenic mice in nuclear maturation of canine oocytes in vitro. Animal Reproduction Science, 2006, 99: 106~116.

21. The parthenogenetic activation of canine oocytes with Ca-EDTA by various culture periods and concentrations, Theriogenology, 2006.

22. In vitro maturation, in vitro fertilization and embryonic development of canine oocytes, Zygotes, 2007, 15: 347~353.

23. Ophthalmic finding in 547 Korean sapsaree dogs. J. veterinary clinics, 2008, 25(6): 482~487.

24. Canine polydactylyl mutation with heterogeneous origin in the conserved intronic sequence of LMBR 1, Genetics, 2008, 179: 2163~2172.

25. Conservation of Sapsaree, a korean natural monument., using somatic cell nuclear transfer, J of Veterinary Medical Science, 2009,

71(9): 1217~1220.

26. Parthenogenetic induction of canine oocytes by electrical stimulation and Ca-EDTA. Reprocuction in Domestic Animals, 2009, 44(5): 740~744.

27. Estimation of effective population size in the sapsaree: A korean native dog(Canis familiaris), Asian-Aust. J. Animal Science, 2012, 25(8): 1063~1072.

28. Genetic structure and variability of the working dog inferred from microsatellite marker analysis, Genes Genomes, 2014, 36: 197~203.

29. Whole genome association study to detect SNP for behavior in sapsaree dog(Canis familliaris), Asian-Aust J. Animal Scie, 2015, 28: 936~942.

30. Whole transcriptome analysis of the Sapsaree, A korean natural monument, before and after exercise-induced stress, J. Animal Science and Technology, 2016, 58: 17.

개 관련 도서

하지홍(2001), 우리 삽살개, 창해.

하지홍(2003), 한국의 개, 경북대 출판부.

하지홍(2008), 하지홍 교수의 개 이야기(살림지식총서341), 살림.

김정호(1978), 진도견, 대한진도견국견협회.

윤희본(2000), 우리 진돗개, 창해.

C. Thorne(1992), The Waltham Book of Dog and Cat Behavior, Pergamon Press.

B. Fogle(1990), The Dog's Mind, Howell Book House, New York.

A. J. Clark(1998), Animal Breeding, Technology for the 21st Century, Harwood academic publishers.

A. R. Clark and A. H. Brace(1995), The International Encyclopedia of Dogs, Howell Book House, New York.

A. Ruvinsky and J. Sampson(2001), The Genetics of the Dog, CABI Publishing.

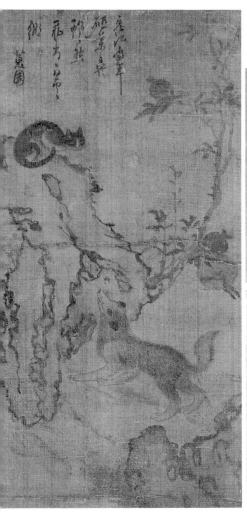

◀ 모사도

간송미술관 소장

한국의 개: 토종개에 대한 불편한 진실

개인소장

개인소장

개인소장

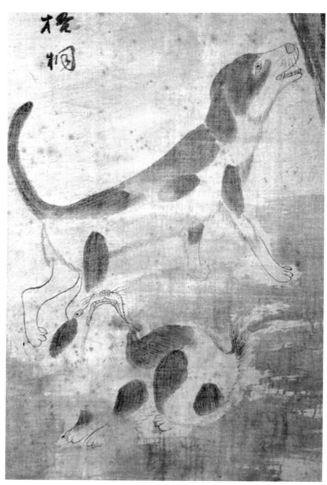

개인소장

개인소장

개인소장

개인소장

개인소장

개인소장

개인소장

개인소장

개인소장

한국의 개: 토종개에 대한 불편한 진실

개인소장

하지홍

1953년 대구에서 출생한 하지홍은, 1976년 경북대학교 농화학과를 졸업했으며, 1984년 미국 일리노이 주립대(University of Illinois, Urbana-Champaign)에서 미생물 유전학으로 박사학위를 받은 후, 1985년부터 모교인 경북대학교 자연과학대학 유전공학과에서 교수로 재직하고 있다.

경북대에서 재직한 지난 33년 동안 토종개의 중심 품종인 장모 삽살개를 복원하여 천연기념물 지정을 받게 했으며, 동전의 다른 면에 해당하는 단모 고려개를 복원하여 현재 혈통 정립 중이다. 한국삽살개재단을 설립하고, 경산시 와촌면에 경산삽살개육종연구소를 건립하여 삽살개와 고려개의 보존과 연구에 전념하고 있다.